O PODER DOS ECOSSISTEMAS

CARO(A) LEITOR(A),

Queremos saber sua opinião sobre nossos livros.

Após a leitura, siga-nos no **linkedin.com/company/editora-gente**,

no TikTok **@EditoraGente** e no Instagram **@editoragente**

e visite-nos no site **www.editoragente.com.br**.

Cadastre-se e contribua com sugestões, críticas ou elogios.

FELIPE PACHECO BORGES

O PODER DOS ECOSSISTEMAS

Descubra qual é o dinheiro que você está deixando na mesa hoje

Diretora
Rosely Boschini

Gerente Editorial Sênior
Rosângela de Araujo Pinheiro Barbosa

Editora
Carolina Forin

Assistente Editorial
Monique Oliveira Pedra

Produção Gráfica
Leandro Kulaif

Preparação
Wélida Muniz

Capa
Anderson Junqueira

Projeto Gráfico e Diagramação
Renata Zucchini

Revisão
Renato Ritto
Thiago Fraga

Impressão
Edições Loyola

Copyright © 2024 by Felipe Pacheco
Todos os direitos desta edição
são reservados à Editora Gente.
Rua Deputado Lacerda Franco, 300
Pinheiros - São Paulo, SP
CEP 05418-000
Telefone: (11) 3670-2500
Site: www.editoragente.com.br
E-mail: gente@editoragente.com.br

Dados Internacionais de Catalogação na Publicação (CIP)
Angélica Ilacqua CRB-8/7057

Borges, Felipe Pacheco
 O poder dos ecossistemas : descubra qual é o dinheiro que você está deixando na mesa hoje / Felipe Pacheco Borges. - São Paulo : Editora Gente, 2024.
 192 p.

ISBN 978-65-5544-482-7

1. Negócios 2. Empreendedorismo I. Título

24-2075 CDD 658.9

Índice para catálogo sistemático:
1. Negócios

NOTA DA PUBLISHER

Se você está antenado no que vem acontecendo no mundo dos negócios, provavelmente já percebeu um movimento que tem ganhado cada vez mais força entre os empreendedores mais bem-sucedidos: o de ecossistema.

Como vivemos um momento em que estamos cada vez mais próximos e trocando informações em uma velocidade jamais vista, é essencial que todo negócio – pequeno, médio ou grande – atue em uma abordagem colaborativa e integrada. Nesse cenário, criar um ecossistema de empresas permite preencher as lacunas do seu negócio e deixar uma marca positiva nas pessoas.

Quando conheci o Felipe Pacheco, fiquei positivamente impressionada com o poderoso ecossistema que ele construiu ao lado da esposa, a Natalia Martins. Sendo precursor desse movimento de negócios no Brasil, é a partir da experiência à frente do Natalia Beauty Group que ele apresenta, nesta obra, os principais meios de criação e manutenção de um ecossistema para que cada vez mais empreendedores encontrem o caminho para sair do sonho, prosperar e alcançar o sucesso.

Este deve ser o estímulo necessário para você dar o primeiro passo e olhar seus negócios por uma nova perspectiva. O desenvolvimento e a inovação serão uma consequência, assim como o avanço no mercado de maneira dinâmica e competitiva, entregando os produtos e serviços que o público busca e deseja.

Bons negócios!

Rosely Boschini • CEO e Publisher da Editora Gente

Agradecimentos

Este livro não teria se concretizado sem o apoio e incentivo de algumas pessoas especiais que estiveram ao meu lado durante todo o processo.

Primeiramente, quero expressar minha profunda gratidão à minha amada esposa, Natalia Martins. Nati, sua visão, determinação e apoio incondicional foram essenciais para que eu pudesse me dedicar a este projeto. Você foi a grande responsável por abrir meus olhos para o empreendedorismo e faz com que todos os dias eu tenha a oportunidade de construir ideias novas. Sua presença na minha vida é uma fonte constante de inspiração e motivação. Este livro é tanto seu quanto meu, pois, sem você, nada disso seria possível.

À minha mãe, Denise Pacheco, meu mais sincero agradecimento. Mãe, sua sabedoria, paciência e amor inabalável sempre foram minhas maiores fontes de força. Você me ensinou a importância da resiliência e do trabalho árduo, valores que carrego comigo ao longo de toda a minha jornada. Este livro é um tributo a tudo o que você fez por mim e ao apoio incondicional que sempre me ofereceu.

Quero agradecer também a todos os empreendedores que, com sua coragem e determinação, buscam construir seus próprios ecossistemas de negócio e conquistar múltiplas fontes de renda. Vocês são a essência deste livro. Cada história de sucesso, cada desafio superado, cada inovação criada é uma inspiração para mim e para muitos outros. Que este livro possa servir como um guia e um incentivo para continuarem a trilhar seus caminhos com sucesso e prosperidade.

Agradeço aos meus colegas e amigos, cujas contribuições e sugestões foram inestimáveis. Suas perspectivas e conselhos ajudaram a moldar este livro e a torná-lo mais completo e relevante. Agradeço especialmente àqueles que dedicaram seu tempo para revisar manuscritos, oferecer feedbacks construtivos e me encorajar nos momentos mais desafiadores.

Um agradecimento especial vai para a equipe editorial da Editora Gente, que acreditou na importância deste projeto desde o início. Sua dedicação, profissionalismo e atenção aos detalhes foram fundamentais para transformar este manuscrito em um livro que estou orgulhoso de compartilhar com o mundo. Agradeço a cada um de vocês pelo empenho e pelo excelente trabalho realizado.

Também não posso deixar de agradecer aos meus mentores, que, ao longo dos anos, compartilharam suas experiências e conhecimentos comigo. Vocês me ajudaram a crescer como profissional e como pessoa, proporcionando insights valiosos que enriqueceram tanto minha vida quanto este livro.

Por fim, agradeço aos meus leitores, cuja curiosidade e busca por conhecimento são a razão de eu escrever. Espero que este livro inspire vocês a explorar novos caminhos e a criar ecossistemas de negócio prósperos e inovadores. É para vocês que este trabalho foi feito, e é com vocês que ele ganha vida.

A todos, meu muito obrigado.

Prefácio

É com uma mistura de orgulho e admiração, com o coração transbordando de amor que me aproximo da tarefa de escrever este prefácio para o livro do Felipe, meu marido, companheiro de vida e sócio nos negócios.

Desde o primeiro momento em que Felipe compartilhou comigo a ideia deste livro, sabia que seriam mais do que palavras em páginas; seria um convite para repensar e reinventar seus negócios!

As ideias dele sobre ecossistemas empresariais não são apenas teorias; são reflexões vivas de nosso próprio percurso, em que aprendemos a valorizar cada conexão, cada colaboração, como partes essenciais de um todo maior.

Nossa jornada juntos tem sido uma constante fonte de inspiração e aprendizado. Com Felipe, entendi que os verdadeiros ecossistemas são feitos de corações e mentes que compartilham, crescem e respeitam o fluxo natural da vida. Este livro é um reflexo dessa harmonia, desse fluxo, dessa dança que é viver e empreender com propósito e paixão.

Ao ler cada capítulo, você será convidado a entrar nesse mundo onde cada um de nós tem um papel vital no ecossistema dos negócios, um mundo onde prosperidade e sustentabilidade não são opostas, mas aliadas. Felipe traz um olhar fresco e necessário, um convite para sermos empresários e seres humanos melhores.

Para Felipe, este livro é um sonho que se tornou realidade, uma visão que se materializou. Para mim, é uma prova do poder dos sonhos e da força da determinação. É um privilégio imenso compartilhar com você esta obra, que não é apenas um guia de negócios, mas também uma jornada de amor, respeito e esperança por um mundo mais colaborativo e consciente.

Com amor,
Natalia Beauty
Divirta-se na jornada!

SUMÁRIO

13 ●●● **INTRODUÇÃO**
   Estamos no começo de uma nova era

23 ●●● **CAPÍTULO 1:**
   Do sonho à realidade

41 ●●● **CAPÍTULO 2:**
   Mitos do empreendedorismo

55 ●●● **CAPÍTULO 3:**
   Um grande caos instalado

71 ●●● **CAPÍTULO 4:**
   A prosperidade do seu negócio tem uma bússola

89 ●●● **CAPÍTULO 5:**
   Pensando como um ecossistema

105 ●●● **CAPÍTULO 6:**
Uma resposta eficiente aos desafios
do mundo moderno

123 ●●● **CAPÍTULO 7:**
A importância de saber
contar histórias

143 ●●● **CAPÍTULO 8:**
Todo mundo quer aparecer,
mas a que custo?

159 ●●● **CAPÍTULO 9:**
A comunidade não pode ser copiada

173 ●●● **CAPÍTULO 10:**
Os ecossistemas de negócios
transformam o mundo

INTRODUÇÃO
Estamos no começo de uma nova era

Sim, é possível ter um ambiente de negócios estruturado como um ecossistema. Toda empresa, independentemente do tamanho e do setor de atuação, pode estar inserida em um ecossistema.

Eu estava conversando com a minha esposa, Natalia, quando uma das ideias centrais deste livro, se não a ideia central, surgiu: "Precisamos nos libertar da filosofia de *egossistema* para vivermos intensamente a filosofia do *ecossistema*". Foi o que eu respondi para ela enquanto refletíamos sobre maneiras de constituir negócios e o significado de atuar em um modelo de gestão baseado em ecossistema.

Nati é uma visionária. Uma empresária brilhante que está à frente de uma marca que revolucionou o setor da beleza no Brasil a partir de uma atitude verdadeiramente ecossistêmica.

Muito cedo, ela entendeu que nenhuma empresa cresce quando quem comanda os negócios acredita que é autossuficiente e que detém todo o conhecimento. Essa ideia é muito ultrapassada. É uma característica que ficou atrelada ao século XX. Em outras palavras, Nati entendeu, como ela mesma gosta de afirmar, a importância da cocriação.

A cocriação é uma maneira de unir diferentes pensamentos, pessoas e serviços com o objetivo de pensar e realizar algo único e, em geral, inovador. Nos negócios, essa atitude tem o potencial de diferenciar marcas, estabelecer paradigmas de ação e resolver questões muitas vezes consideradas insolúveis. O potencial da cocriação está na relação estabelecida entre os diferentes. E, ao refletirmos sobre essa maneira de estar no mundo, ficou evidente, para Nati e para mim, a importância de sairmos de um modo *egossistêmico* e adotar o *ecossistema* para gerir nossos negócios.

Neste livro, eu convido você a refletir sobre esse tema, a experimentar o diferente, a permitir se aprofundar nesse conceito e entender seus potenciais. Para isso, compartilho, nos capítulos a seguir, caminhos para a realização desta transformação: a adoção de uma gestão estruturada no modelo de ecossistema. Mostro possíveis obstáculos ao longo desse percurso. Reforço a importância de acreditar em si e estabelecer diálogo no ambiente de negócios no qual a sua empresa estiver inserida.

Sim, é possível ter um ambiente de negócios estruturado como ecossistema. Toda empresa, independentemente do tamanho e do setor de atuação, pode estar inserida em um ecossistema. No entanto, para esse cenário ser real, é preciso se preparar; e o primeiro passo para isso é superar a ideia de que ser dono do próprio negócio é sinônimo de onisciência e onipotência. Ou seja, de ser um sabe-tudo. Essa afirmação parece óbvia, mas é importante reforçá-la e explicitá-la porque, ao longo dos anos, em minha trajetória profissional, identifico facilmente a repetição desse comportamento que só tende a limitar e dificultar as ações empresariais.

Pensar no coletivo é um dos desafios quando se forma um ecossistema, mas esse desafio é bem-vindo. Vale muito a pena o risco de ter múltiplos parceiros para fazer negócios. A gestão empresarial multidisciplinar traz retornos incríveis, amplia o potencial e a operação da empresa. É necessário coragem para chegar a esse tipo de relacionamento. A boa notícia, contudo, é que os empresários são corajosos, afinal o risco é inerente à atividade.

Quando se trabalha em ambientes em que decisões são compartilhadas, em que pessoas têm resguardado o direito de se expressar, é preciso garantir que a expressão dessa voz seja ouvida e acolhida devidamente. Nesse ponto, entra uma questão delicada para os empresários entenderem e aceitarem o ecossistema como algo possível, porque, com frequência, temem perder o controle do negócio quando pensam em compartilhar as decisões de sua gestão. Alguns fatores podem justificar tal temor, por exemplo o vínculo emocional gerado com a empresa, em especial se ela foi criada do zero. Nesses casos, muitas vezes, o empresário costuma questionar-se se outra pessoa se dedicaria tanto à empresa como ele. *Se não estava ali desde o início, por que se dedicaria tanto?*, costumam se perguntar.

Outro fator significativo é a discordância quanto à tomada de decisões, afinal as pessoas não pensam exatamente da mesma maneira.

Entretanto, a beleza dessa situação está em saber aproveitar as diferenças para fortalecer os negócios e fazer com que eles caminhem com mais eficiência. E isso nos leva também ao entendimento que certos empresários têm quando se veem compartilhando a gestão: de que está perdendo poder e a própria voz. Sentem que se suas decisões forem unilaterais, serão mais respeitadas, terão mais peso, receptividade e adesão.

●●● **Seja qual for a situação alegada para se evitar a formação do ecossistema, estabelecer uma comunicação objetiva e direta, definir papéis e responsabilidades, estruturar e ajustar bem os processos ajuda a afastar esses medos.**

A cultura do ecossistema requer *acordos múltiplos*. Nesse sentido, é importante alertar: quem tem necessidade de ter um chefe, um guia, alguém que o tutele no campo profissional tende a não se dar bem com a estruturação dos ecossistemas.

Outro ponto significativo na formação de um ecossistema é eliminar, logo de início, os mitos sobre esse assunto. É necessário compreender claramente esse conceito, que, em resumo, refere-se aos stakeholders, que estão interconectados em um ambiente de negócios e que, apesar de se relacionar, se mantém interdependente. A dinâmica dessas relações envolve a colaboração, a troca de recursos, de informações, a geração de novos produtos, a definição de prestação de serviço, a inovação.

As interconexões estabelecidas fazem com que as decisões e/ou ações tomadas impactem diretamente quem está envolvido no ecossistema. Vale lembrar que, em algumas situações, o impacto é variável.

Toda empresa, independentemente do tamanho e do setor de atuação, pode estar inserida em um ecossistema.

@felipepachecoborges

Há, ainda, a troca de valor em termos de produtos, serviços, informações, recursos financeiros ou outros ativos. Essa interação gera sinergia entre os envolvidos, afinal, todos trabalham juntos para alcançar objetivos comuns. A dinâmica dessa relação tem forte potencial inovador porque ideias, tecnologias e práticas são sempre compartilhadas e, consequentemente, evoluem rápido.

Compreender a definição de ecossistema é crucial para estabelecer o modelo de gestão, pois ele influencia nas oportunidades, nos desafios futuros e na adoção das estratégias para a empresa se manter em operação. De maneira mais pragmática, as empresas que pensam e se estruturam em um modelo de ecossistema potencializam o próprio crescimento pelo simples fato de que as ações serão mais capilarizadas, retroalimentando-se. O ecossistema aumenta as vendas dos produtos e/ou prestação de serviço, difundindo a marca a mais pessoas, o que gera mais *credibilidade, autoridade* e *notoriedade*.

A retroalimentação no ambiente do ecossistema promove uma jornada infinita para o cliente, pois o ecossistema é como um abraço de 360°. Para todo o lado que esse cliente, ou possível cliente, olhe, ele terá a chance de ver algo relacionado à sua marca, aumentado a sensação de credibilidade.

NOVOS TEMPOS

Comecei a minha vida profissional como advogado. Fiz parte de alguns dos maiores escritórios de advocacia do Brasil. O Direito me ensinou muito e me deu a chance de conviver com grandes empresas, porque uma das minhas especialidades, como advogado, era trabalhar na parte processual referente à insolvência de grandes empresas. Com essa prática, tive a oportunidade de conhecer a realidade de inúmeras corporações dos mais diversos setores e, assim, me capacitar para a gestão de empreendimentos.

Desde o Ensino Médio, entendi que a curiosidade era um dos traços da minha personalidade. Essa característica me fez buscar conhecimento, o que me diferenciou dos meus colegas. Costumo dizer que enquanto eles brincavam, eu buscava aprender e estabelecer relações acadêmicas. Esse modo de agir me conduziu pela vida e me fez chegar aonde estou: diretor-executivo do Natalia Beauty Group, um ecossistema de negócios.

Nas próximas páginas, com base na minha experiência em gestão e na formação de ecossistemas, eu o convido a repensar o seu modo de entender seus negócios e sua postura profissional. Para isso, faço uma reflexão sobre quatro passos que devem ser seguidos para se estruturar um ecossistema de sucesso: a identificação do núcleo do negócio, o desenvolvimento da sinergia da marca, a importância de se analisar os contextos internos e externos do negócio e o entendimento dos pontos de contato das atividades desenvolvidos pelo negócio em seus contextos de relacionamentos.

O mundo corporativo não se estrutura mais como há cinquenta anos. Eu diria até que, nos últimos vinte anos, ele se modificou ainda mais, sobretudo com o avanço sistematizado da tecnologia. Quem está à frente dos empreendimentos precisa rever sua ação para manter a competitividade no mercado. Os negócios não se alinham mais com fórmulas antigas. Uma das evidências desses "novos tempos" reside no fato de que as empresas precisam ser marcas e trabalhar a sensação provocada nos seus públicos de relacionamento. Clientes e produtos deixaram de ser o protagonista das ações das empresas.

Eles ainda têm papéis importantíssimos, mas quem ocupa o centro das ações estratégicas atualmente é a sensação criada pela empresa no ambiente em que atua.

Esse é um entendimento sútil, nada óbvio, porém, uma vez que o seu core de atuação está definido e você estabeleceu a estrutura necessária para fazer a sua operação, o que vai surgir como peça fundamental para a equação dos seus negócios será a sensação que a sua empresa vai conseguir causar no segmento em que atua; como as suas ações, os seus produtos e/ou prestação de serviço geram impacto. Nessa dinâmica, o ecossistema se apresenta como um modelo adequado para dar vida a essa situação.

Ao agirmos a partir do ecossistema, agimos pensando no outro. E isso nos possibilita viver de maneira mais saudável e reforça a ideia central mencionada no início desta introdução: de que precisamos nos libertar da filosofia do *egossistema* para vivermos intensamente a filosofia do *ecossistema*.

Preparado? Eu estou! Será um prazer participar desta caminhada com você. Vamos juntos?

A gestão empresarial multidisciplinar traz retornos incríveis, amplia o potencial e a operação da empresa.

@felipepachecoborges

CAPÍTULO 1

Do sonho à realidade

O empreendedor é aquele que toma a iniciativa, sai da própria zona de conforto e se coloca em ação para buscar soluções e alcançar objetivos.

O brasileiro sonha em ter o próprio negócio. E, à medida que o tempo passa, cada vez mais pessoas partilham desse sonho. Para se ter uma ideia aproximada desse desejo (sim, apenas aproximada, pois empreender é uma atividade dinâmica e de rápido crescimento), no começo dos anos 2020, 35,1% da população brasileira declarou interesse em abrir o próprio negócio. Ao arredondar os números, essa porcentagem representa cerca de 75 milhões de pessoas. É muita gente! Em termos comparativos, é maior do que a população da França, a segunda maior economia europeia (eles são 67,75 milhões); e bem maior do que a da Coreia do Sul, uma das potências econômicas da Ásia (por lá, eles são em torno de 51,74 milhões de habitantes). Essa estatística indica o gigantismo do nosso potencial competitivo populacional, mas não só isso.[1]

O Sebrae, que acompanha o mercado de trabalho no Brasil e gera os mais diversos indicadores, tem como um dos seus objetivos capacitar e promover o desenvolvimento econômico e a competitividade de micro e pequenas empresas. A entidade estimula o empreendedorismo, e o assunto aqui, neste capítulo – e em todo o livro –, é a importância de empreender, a compreensão de sua relevância e o entendimento de que determinados comportamentos impedem o crescimento dos negócios. Nesse sentido, já dá para adiantar: o ato de fazer é a maior barreira de entrada para o empreendedorismo.

Esse é um dos conceitos-base do meu trabalho, e, aos poucos, vou detalhar por que é importante observar como essa característica se manifesta em cada um de nós e como podemos encontrar caminhos para, de fato, fazermos; para sairmos do sonho e partirmos para a realização, mas não qualquer realização, um esforço que não nos leve a lugar algum, e sim um esforço que nos impulsione a investir tempo promissor, a fim de encontrar meios efetivos para fazer crescer as iniciativas e construir negócios sólidos e prósperos.

PROCESSO DE AUTOCONHECIMENTO

A cultura empreendedora do Brasil é muito forte. Esse traço cultural é identificado desde a época do Brasil Colônia, mas tornou-se mais evi-

---

[1] GLOBAL ENTREPRENEURSHIP MONITOR. **Empreendedorismo no Brasil 2020**. Curitiba: IBQP, 2021. Disponível em: https://datasebrae.com.br/wp-content/uploads/2022/10/GEM-Livro-Empreendedorismo-no-Brasil-2020-web.pdf. Acesso em: 19 dez. 2023.

dente e ganhou contornos mais profissionais ao longo dos últimos séculos, sobretudo no século XX.[2] Agora, é impulsionado pela presença massiva da tecnologia nos diversos âmbitos da vida.

Tradicionalmente, nós, brasileiros, buscamos oportunidades de negócios, sobretudo porque essa sempre foi uma maneira objetiva de combater os gigantescos desafios econômicos e sociais que enfrentamos desde os primeiros anos da nossa organização social e seu consequente desenvolvimento. Ao longo das últimas décadas, o Sebrae indica em suas pesquisas esse traço cultural brasileiro em empreender, mesmo em períodos de crise. Em 2016, por exemplo, enquanto o país vivia mais uma de suas crises econômicas, a taxa de empreendedorismo foi a maior dos últimos catorze anos. Naquela época, o Sebrae informava que de cada dez brasileiros adultos, quatro teriam uma empresa ou estariam envolvidos na criação de uma.[3]

Ao observar a nossa história, dá para dizer que o *espírito empreendedor* está enraizado na sociedade brasileira. As pessoas buscam abrir o próprio negócio como um jeito de conquistar a independência financeira, realizar os seus sonhos e enfrentar a falta de oportunidades do mercado formal de trabalho. São várias as histórias de empreendedores brasileiros de sucesso que agiram dessa maneira. É o caso de Luiz Seabra, um dos sócios-fundadores da Natura, que começou a sua operação de forma modesta, com uma fábrica em São Paulo, em 1969, e se transformou, com muita criatividade em sua gestão, ao longo das

---

[2] SILVA, T. Quando o empreendedorismo surgiu no Brasil? **Instituto Dom**, 11 ago. 2022. Disponível em: https://www.institutodom.org.br/2022/08/11/origem-do-empreendedorismo-no-brasil/. Acesso em: 19 dez. 2023.

[3] TAXA de empreendedorismo é a maior dos últimos 14 anos. **Sebrae**, 22 fev. 2016. Disponível em: https://sebrae.com.br/sites/v/index.jsp?vgnextoid=176b303c83bf2510VgnVCM1000004c00210aRCRD&vgnextfmt=default. Acesso em: 19 dez. 2023.

décadas, na maior multinacional brasileira de cosméticos;[4] ou de Alexandre Costa que, ainda adolescente, vendia de porta em porta uma produção artesanal de chocolate que originou a Cacau Show, uma das principais marcas de chocolate do país.[5]

Na teoria, a necessidade de adaptar-se às circunstâncias econômicas, em muitos períodos extremamente voláteis, fez (e ainda faz) o brasileiro empreender. A constante oscilação da economia do país sempre gerou forte instabilidade em nosso mercado de trabalho. Daí, como população, entendemos o empreendedorismo como uma maneira de ter mais autonomia e, consequentemente, segurança.

●●● **A lógica é simples: quando estabeleço a minha fonte de renda, tenho mais controle e poder de decisão sobre a minha gestão financeira. Portanto, estarei apto a contornar qualquer imprevisto que surja ao longo do caminho. Em tese, esse pensamento até funciona, mas a prática demonstra que não, o empreendedorismo não opera dessa maneira tão cartesiana.**

Para começo de conversa, empreender jamais poderá ser uma ação para dar um jeito em uma situação emergencial de desemprego ou demissão. Empreender não é um tapa-buraco, requer estudo, planejamento e boas decisões. Por isso, mais uma vez, é importante observar a história para identificar o potencial empreendedor e evitar erros do passado.

[4] NOSSA história. **Natura**. Disponível em: https://www.naturaeco.com/pt-br/grupo/nossa-historia/. Acesso em: 19 dez. 2023.

[5] A TRAJETÓRIA de Alexandre Costa, fundador da Cacau Show. **Sua Franquia**. Disponível em: https://www.suafranquia.com/noticias/alimentacao-e-food-service/2017/08/a-trajetoria-de-alexandre-costa-fundador-da-cacau-show/. Acesso em: 19 dez. 2023.

O ato de fazer
é a maior barreira
de entrada para o
empreendedorismo.

@felipepachecoborges

Traços do nosso empreendedorismo

Culturalmente, existem diversos motivos que contribuem para o fato de muitos brasileiros sonharem em ter o próprio negócio. Um deles, como já citei, tem a ver com a nossa história. Do tempo da presença da corte portuguesa em Terras Brasilis, herdamos a valorização da iniciativa individual e a busca por oportunidades de negócios. Afinal, naquele período (de 1500 a 1832), tudo estava por ser feito. Éramos um território em processo de colonização repleto de riquezas naturais disputadas por outros países.[6]

Independentemente da maneira como a colonização aconteceu (em alguns momentos, com ações completamente reprováveis), fortunas foram construídas. Aquela época foi um marco para o surgimento dos pequenos negócios familiares, o empreendedorismo local e regional, tão presente e disseminado hoje em dia. Ali, o nosso espírito empreendedor ganhou forma. Começávamos a estabelecer um jeito brasileiro de empreender.

Outra característica estruturante de nossa sociedade, e que também já se fazia presente antes mesmo da formação da República[7] (mas, que, infelizmente, perdura até hoje), é a desigualdade social, que impulsiona o empreendedorismo e nos faz reconhecer a superação como mais uma de nossas características culturais. É bem verdade: somos brasileiros e não desistimos nunca.

---

[6] INSTITUTO MILLENIUM. Brasil, uma colônia de empreendedores. **Exame**, 18 jan. 2010. Disponível em: https://exame.com/colunistas/instituto-millenium/brasil-uma-colonia-de-empreendedores/. Acesso em: 19 dez. 2023.

[7] SIQUEIRA, M. Pobreza no Brasil Colonial: representação social e expressões da desigualdade na sociedade brasileira. **Arquivo Público do Estado de São Paulo**, jan. 2009. Disponível em: http://www.historica.arquivoestado.sp.gov.br/materias/anteriores/edicao34/materia01/texto01.pdf. Acesso em: 19 dez. 2023.

Do sonho à realidade

Nós nos reconhecemos como pessoas que superam adversidades sociais. A superação fala sobre a gente como sociedade. É por isso que apresentamos com tanta força esse jeito de ser, essa mentalidade de enfrentar obstáculos e buscar soluções para empreender, deixar para trás as dificuldades e alcançar o sucesso pessoal.

●●● **Assim, chegamos a mais um traço do nosso empreendedorismo: a busca por autonomia e liberdade. Muitos de nós sonham em ter um negócio para tomar as próprias decisões, não ter mais a figura do chefe, ter liberdade para controlar os próprios horários e para conduzir a vida profissional em sua totalidade.**

A pesquisa do Sebrae de que falamos inicialmente indica isso. Mas, nessa questão, há uma armadilha: o caminho do empreendedorismo é de muito mais trabalho do que o caminho do funcionário, quando se é resguardado por um trabalho com registro em carteira. Muitos não têm a dimensão desse fato.

Ser dono do próprio negócio significa ter jornadas extensas e contínuas de trabalho.

A busca por estabilidade, reconhecimento e satisfação profissional leva as pessoas a empreenderem como uma maneira de criar as próprias oportunidades, e esse comportamento pode até ser visto como reflexo da falta de possibilidades no mercado de trabalho, mas é preciso ter clareza: o empreendedorismo não é uma escolha fácil e trabalha-se muito para se empreender. Quem decide se lançar a esse sonho tem de saber lidar, a todo o momento, com a responsabilidade dessa ação, afinal ela impacta tanto quem está empreendendo quanto a sociedade por, entre outros motivos, favorecer o surgimento de novas tecnologias, a criação de postos de trabalho, a promoção de diversidade e inclusão.

Boas ideias não bastam, é preciso agir

Diante dessas características, evidencia-se como o ato de fazer ganha relevância no empreendedorismo, pois ele está ligado à materialização das ideias, do desejo, da vontade. Quem empreende identifica oportunidades, assume riscos, cria valor para o mercado e, em muitos casos, quando emprega a criatividade, estabelece processos e produtos inovadores. Contudo, para que tudo isso ocorra é preciso ter ação; e elas precisam ser efetivas.

Muitos têm sonhos e ideias brilhantes, mas não vão muito longe. Em alguns casos, nem conseguem tirá-los do papel. O que diferencia um empreendedor de sucesso de alguém que não avança é a capacidade de transformar ideias em ações concretas.

Empreendedores entendem que o mundo dos negócios é dinâmico e competitivo, e que apenas ter boas ideias não será suficiente para se atingir o sucesso. O empreendedor é aquele que toma a iniciativa, sai da própria zona de conforto e se coloca em ação para buscar soluções e alcançar objetivos.

A primeira etapa do processo empreendedor é identificar uma oportunidade, seja ela uma necessidade do mercado, uma tendência emergente ou uma demanda latente. Essa identificação requer um olhar atento, atrelado à capacidade de enxergar para além do óbvio. No entanto, a verdadeira magia do empreendedorismo acontece quando essa oportunidade é transformada em ação.

Empreendedores entendem que o mundo dos negócios é dinâmico e competitivo, e que apenas ter boas ideias não será suficiente para se atingir o sucesso.

@felipepachecoborges

Quando o empreendedor decide fazer algo em relação a uma oportunidade identificada, ele dá vida às próprias ideias. Entre outras etapas, desenvolve planos de negócio, obtém recursos, estabelece parcerias e toma as medidas necessárias para transformar sua visão em realidade. No processo de fazer, ele adquire conhecimento, experiência e habilidades práticas. Isso é essencial para o bom funcionamento dos negócios.

O ato de fazer possibilita ao empreendedor testar, na prática, suas ideias, porque vai se confrontar com divergências, terá de ajustar as coordenadas de ação, precisará identificar os obstáculos e encontrar a melhor maneira para superá-los.

Parte desse processo acontece pelos feedbacks dos stakeholders com as quais o seu empreendimento se relaciona. Os ajustes necessários para a prestação de serviço, produto, gestão, entre outros, surgem da dinâmica diária do funcionamento do negócio. Por isso, a prática é fundamental para o aprendizado e o desenvolvimento sustentável.

●●● **É preciso, ainda, lembrar-se do outro aspecto importante do fazer no empreendedorismo: a capacidade de lidar com os desafios e os fracassos.**

Empreender é um caminho repleto de obstáculos e incertezas. É necessário sempre ajustar o curso das ações, superar dificuldades emergenciais e perseverar diante das adversidades, mas, no fazer, o empreendedor aprende a lidar com o fracasso como oportunidade de aprendizado e crescimento e, consequentemente, desenvolve resiliência para os demais desafios que surgirão.

O Brasil possui uma população jovem e criativa que está constantemente em busca de soluções inovadoras para os desafios. Essa mentalidade empreendedora tem sido observada com frequência na criação das mais diversas startups, setor que teve crescimento consistente até o final dos anos de 2010 e que retomou a sua expansão após a pandemia de Covid-19.[8] Essa movimentação também é reflexo do movimento político para se estabelecer maior flexibilidade em linhas de crédito e financiamento, contribuindo, assim, para um cenário mais promissor aos novos negócios.

No entanto, apesar de a cultura empreendedora ser muito viva no Brasil, ainda enfrentamos enormes desafios no ambiente de negócios, como burocracia e carga tributária excessivas. No empreendedorismo, o fazer está ligado à execução eficiente e à busca constante pela melhoria contínua.

Um empreendedor de sucesso sai da teoria. Ele coloca as ideias em prática e, constantemente, encontra maneiras para otimizar os processos, aumentar a eficiência e melhorar os resultados. Nessa dinâmica, muitos falham por não saber como adotar um modelo claro de ação. Mas também é importante lembrar: o empreendedor está sempre disposto a experimentar. Ele corre riscos calculados para, ao final desse caminho, criar valor.

O empreendedorismo cria valores porque impacta o mundo por meio da ação e materialização das ideias. Objetivamente, gera empregos e renda, ajuda a solucionar problemas, abre espaço para a inovação, disponibiliza novos produtos no mercado, aprimora a prestação de serviço e, consequentemente, impulsiona o desenvolvimento econômico e social.

---

[8] OS CAMINHOS da inovação: desafios para o desenvolvimento científico, tecnológico e econômico do Brasil. **Veja Mercado**, 29 nov. 2021. Disponível em: https://veja.abril.com.br/insights-list/os-caminhos-da-inovacao-desafios-para-o-desenvolvimento-cientifico-tecnologico-e-economico-do-brasil/. Acesso em: 19 dez. 2023.

O empreendedor de sucesso tem coragem e determinação para colocar em prática as próprias ideias e transformar o mundo ao redor. Transformar oportunidades em realidade foi exatamente o meu caminho no empreendedorismo, e identifiquei a oportunidade dentro de casa. Mas essa identificação não aconteceu de maneira tão rápida ou óbvia quanto pode parecer.

UMA MELHOR VERSÃO DE MIM

Sou casado com uma das principais empresárias do setor da beleza no Brasil, a Natalia Martins, fundadora da *Natalia Beauty*.

Nati, como a chamo, é uma *selfmade woman*. Seu talento profissional e a sua visão de negócios a levaram a conquistar espaço em um setor bilionário e extremamente competitivo. Muito cedo, ela percebeu oportunidade em uma profissão que poucos anos atrás nem existia: a de designer de sobrancelhas.

Em busca de encontrar um caminho de autonomia financeira com o próprio trabalho, ela identificou essa oportunidade ao entender que havia uma demanda reprimida por profissionais nessa área e entrou em ação. Fez cursos para aprender as técnicas fundamentais do trabalho, especializou-se e, a partir do conhecimento adquirido, revolucionou o mercado emergente de micropigmentação de sobrancelhas da época. Foi uma das pioneiras, mas a originalidade com que exercia a função a destacou. Ela desenvolveu um método de trabalho e, em menos de cinco anos de atuação, transformou-se na referência de sua atividade no Brasil. Em parte das suas conquistas, eu estava ali, ao seu lado, como namorado e depois marido. Eu vi e apoiei o sucesso da minha esposa.

O empreendedor de sucesso tem coragem e determinação para colocar em prática as suas ideias e transformar o mundo ao redor.

@felipepachecoborges

Fui advogado até os nossos primeiros anos de relacionamento. Trabalhava para alguns dos maiores escritórios de advocacia da cidade de São Paulo. Apesar de muito jovem, eu já havia conquistado um patamar de estabilidade em minha carreira e, mesmo com a perspectiva de crescer financeiramente e de ser reconhecido no mercado, era persistente certa insatisfação em meu cotidiano.

No começo, não entendia aquele sentimento contraditório, afinal tudo estava indo bem. Mas, aos poucos, observando mais atentamente a rotina de Nati, percebi que o meu lugar profissional era ao lado dela, ajudando-a nos negócios. No início, porém, a ideia de juntar o casamento e o trabalho não me pareceu algo bem-vindo e simples.

No último escritório de advocacia em que trabalhei, eu estava vinculado à área de civil estratégico, causas complexas e novos negócios, mais especificamente desenvolvia uma função de contato comercial para a captação de novos clientes e encaminhamento jurídico de questões de grande complexidade nesse setor.

Essa experiência me capacitou para desempenhar funções executivas nas empresas. No entanto, sentia que ainda precisava desenvolver algumas habilidades de relacionamento e gestão. Estava diante de mais um desafio e entendi que, ao superá-lo, seria uma pessoa mais ponderada. Não tive dúvidas em modificar a minha atuação profissional. Estava comprometido comigo mesmo a ser a minha melhor versão.

Minha curiosidade sempre me impulsionou para construir meu repertório de conhecimento, para adquirir erudição. Ao longo da vida, tenho coletado informações, exemplos, cases de sucesso. Costumo dizer que desde a minha adolescência, enquanto o pessoal brincava ou namorava, eu estava em casa decorando o nome das capitais dos países. Eu adorava estudar o nome das cidades ou investir meu tempo para treinar para os campeonatos de xadrez que aconteciam no interior de São Paulo. Eu sou de Cachoeira Paulista, uma cidade de pouco mais de 30 mil habitantes, no Vale do Paraíba.

Na adolescência, eu me achava meio feio, fora dos padrões dos outros meninos. Era mais encorpado, mais baixinho. Então, já que não seria o popular da turma, me tornei o nerd. De certo modo, fui marginalizado pelos colegas do colégio e sofri muito bullying. De "brincadeira", até cadeira já jogaram em mim. Aquilo doeu.

Minha infância foi muito difícil, e o comportamento agressivo dos meus colegas me causou muita revolta. Contudo, do meio para o fim do Ensino Médio, reverti aquele quadro, e a música foi uma das principais chaves da minha virada.

Ainda adolescente, por volta dos 17 anos, eu me descobri cantor. Sou afinado e sei cantar relativamente bem. Formei uma banda junto com alguns amigos de uma cidade vizinha, Cruzeiro, que não tinham a referência do "Felipe derrotado", do cara que sofria perseguição o tempo todo. Como desconheciam as histórias do bullying que eu sofria, sentia que, com eles, podia ser um Felipe diferente. Me permitia ser um vencedor, e fui mesmo. Eu era o vocalista da banda. Em nossas apresentações, estava à frente do grupo, chamando atenção dos olhares de quem nos assistia. Ali, pela primeira vez, eu me senti socialmente vivo e visto.

Essa foi uma experiência fundamental para o profissional que eu viria a ser. A partir dali, entendi a importância do planejamento para transformar sonhos em realidade. Anos mais tarde, eu me tornei o profissional que se planeja para tudo. Eu me sinto como um gerente ambulante. Quando chega qualquer demanda, já penso no começo, meio e fim do projeto. Prevejo o que vai acontecer naquele negócio, a maneira de se trabalhar, o que se quer alcançar com as atividades; e, se por acaso eu perceber que não há o que alcançar com a demanda que se colocou, amplio a minha visão para captar o que de bom pode surgir daquele processo. Ao adotar esse comportamento, compreendi que a possibilidade de empreender nos cerca, está presente o tempo todo, mas que para percebê-la é preciso estar sempre atento. A minha vida aconteceu quando assumi essa postura.

TRANSIÇÃO GRADUAL

Quando saí de Cachoeira Paulista, sucesso para mim era ser um advogado que ganhasse 5, 8 mil reais por mês. Aquela era a noção de ser bem-sucedido para quem convivia comigo. Passar em concurso público, então, era como se a pessoa tivesse chegado ao Olimpo. Afinal, você teria a tão sonhada estabilidade, além de um salário mensal significativo. Não havia situação melhor do que aquela. Ser juiz ou promotor seria o auge da minha carreira.

Ao chegar à cidade de São Paulo, contudo, essas referências mudaram drástica e rapidamente, até porque nos escritórios em que trabalhei os salários eram bem mais expressivos em relação aos valores pagos no serviço público em geral; e, ao se conquistar a senioridade nas atividades dos escritórios de Direito, rapidamente o salário dos magistrados deixava de ser referência. Tornar-se sócio do escritório era chegar ao céu. Percebi, porém, que aquele sonho profissional deixou de ser um desejo pessoal. Eu queria impactar o mundo de outra maneira e de modo mais amplo. Ter me associado à Natalia Beauty foi o caminho para dar vazão ao meu lado empreendedor, até então adormecido.

A transição de carreira foi gradual. Aos poucos, diminuí a minha participação no escritório e me envolvi, cada vez mais, com a Natalia

Beauty. Foi quando me percebi imerso em um espaço de negócios de alto nível. Era uma enorme satisfação (como ainda é) participar de discussões sobre grandes projetos que nos levariam a consolidar importantes empreendimentos. Aquele ambiente me revigorou, foi inspirador, sobretudo por ter contribuído diretamente com o sucesso de Nati.

A jornada não foi fácil. Como casal, enfrentamos desafios, mas os superamos e, com passar dos anos, construímos uma relação de muito mais confiança e respeito, e que se estende à empresa. Por lá, a nossa parceria foi transformada em estratégias eficazes de marketing e branding, nos levando a um novo patamar financeiro, que só foi possível alcançar ao termos estabelecido um ecossistema funcional de trabalho.

O funcionamento desse ecossistema foi um dos motivos pelos quais eu decidi escrever este livro. Ao seguir os seus quatro passos básicos de implementação, qualquer profissional consegue estruturar um modelo de negócios próspero. Quis compartilhar essa experiência porque é um instrumento que as pessoas podem usar para serem, de fato, empreendedoras de sucesso. Nos próximos capítulos, cada um desses passos será detalhado, mas, antes, precisamos refletir sobre alguns mitos do empreendedorismo.

CAPÍTULO 2

Mitos do empreendedorismo

O sucesso não está necessariamente ligado à estabilidade. Empreendedores que abraçam a incerteza e a instabilidade têm mais chances de se adaptar às novas demandas e oportunidades.

Ao nos aventuramos no mundo do empreendedorismo, é comum nos depararmos com um contexto social desafiador e, em muitas ocasiões, que nos fará parar de acreditar em nossas ideias. Muitas vezes, a pressão daqueles que nos julgam tem grande chance de dar certo, nos levando a desistir de nosso desejo de empreender.

Um dos argumentos comuns e contrários à iniciativa do empreendedorismo é a estabilidade de um emprego com registro em carteira – ainda considerada por muitos uma tábua de salvação, principalmente em um país como o nosso, com histórico de insegurança econômica.

O senso comum ainda valoriza o emprego estável como o provedor de total segurança em nossa vida. Para quem enxerga o mundo dessa maneira, uma carteira de trabalho assinada é o passaporte para uma renda fixa suficiente para manter as despesas no fim do mês. Essa mentalidade, no entanto, limita o potencial empreendedor e impede que alcancemos verdadeiramente o sucesso desejado.

É compreensível que muitos de nós busquem por estabilidade. Afinal, a segurança financeira e a previsibilidade dos ganhos mensais decorrentes do trabalho são importantes para estarmos tranquilos com os desafios da vida cotidiana e para atender às necessidades básicas de moradia, alimentação, vestuário, saúde, estudos, entre outras. Entretanto, quando o assunto é empreender, a estabilidade pode se tornar um obstáculo para o crescimento e a inovação.

Ao optarmos pelo caminho do empreendedorismo, assumimos riscos e saímos da zona de conforto. O sucesso nesse campo requer **coragem**, **resiliência** e **disposição** para enfrentarmos os constantes desafios. Nesse sentido, quando só buscamos a estabilidade em nossa vida profissional, estamos limitando o desenvolvimento de nosso potencial (pessoal e financeiro), porque o real crescimento ocorre fora da zona de conforto. Com efeito, precisamos confrontar algumas crenças da velha economia que, de tanto serem faladas, para muitos, tornam-se uma verdade absoluta, mas que, de fato, não passam de mitos quando confrontadas pela elaboração de um ecossistema funcional.

ALÉM DA OFERTA

O primeiro desses mitos diz respeito ao entendimento de que o sucesso do empreendimento depende apenas do produto e/ou serviço oferecido. Muito embora a qualidade e a relevância dos produtos e serviços sejam, sim, muito importantes, temos de considerar outros fatores que influenciam o êxito de um empreendimento. O sucesso nos negócios é determinado por múltiplos aspectos além da oferta em si.

A princípio, deve-se considerar a compreensão profunda do mercado e das necessidades dos clientes. É fundamental identificar as demandas, os problemas e as preferências do público que se quer atingir com o empreendimento para oferecer soluções adequadas e criar uma proposta de valor única. Nesse aspecto, ressalta-se a importância da realização das pesquisas de mercado e a análise cuidadosa das tendências existentes, dois fatores operacionais significativos à estrutura dos empreendimentos. Eles podem ser entendidos como bússola para a realização das ações. Além disso, precisamos levar em conta a construção de relacionamentos sólidos com os clientes e prestadores de serviço.

A capacidade de estabelecer conexões significativas é um diferencial entre uma transação comercial pontual e uma relação duradoura de compra e venda.

Independentemente da posição social ocupada e do papel social exercido, as pessoas querem se sentir valorizadas e ouvidas. Investir no relacionamento com o cliente promove a fidelidade nas relações e, consequentemente, impulsiona o crescimento do negócio.

Paralelo a esse trabalho de relacionamento, é importante estabelecer uma gestão eficiente e estratégica do negócio, definir metas objetivas, construir um planejamento estratégico eficiente, controlar os gastos financeiros e sedimentar uma gestão de recursos humanos moderna.

●●● **Apesar de óbvio para muitos, é sempre bom reforçar: um empreendimento bem administrado tem mais chance de se adaptar às mudanças do mercado, de identificar oportunidades e de enfrentar os desafios com agilidade quando eles surgem.**

A imagem e a reputação da marca também desempenham papel fundamental no empreendedorismo. Construir uma marca forte, consistente e confiável é essencial para se destacar em meio à concorrência. O modo como comunicamos os valores da empresa, a qualidade da identidade visual, a presença nas redes sociais e a estratégia de marketing são elementos que moldam a percepção dos clientes em relação à marca, em relação ao que fazemos. Além disso, a capacidade de inovar e de se manter relevante no mercado é vital para o sucesso a longo prazo.

A evolução tecnológica, as mudanças nas preferências do consumidor e as tendências de mercado exigem que os empreendedores sejam adaptáveis e abertos a novas ideias. A busca por melhorias constantes, a exploração de oportunidades e a capacidade de se reinventar são fatores-chave para se manter competitivo e sustentável no mercado.

Essas características exigem do empreendedor visão, paixão e resiliência, fatores completamente distintos de quem procura apenas estabilidade profissional. Nesse sentido, é preciso lembrar que o empreendedor deve ser determinado para superar os obstáculos, persistente diante de fracassos e erros pontuais e demonstrar capacidade de liderança para manter a equipe de trabalho inspirada e integrada em torno da própria ideia.

O empreendedor bem-sucedido é aquele que está disposto a assumir riscos calculados, aprender com os erros e se adaptar às circunstâncias, mantendo sempre a motivação para alcançar seus objetivos.

UMA VISÃO DE MUNDO COMPARTILHADA

Outro mito da velha economia é que a estruturação de ecossistemas de negócios é uma prática exclusivamente voltada às grandes empresas. Essa é uma afirmação inadequada para a realidade em que vivemos.

No próximo capítulo, vou abordar mais especificamente os ecossistemas e sua criação, detalhar como fazê-los e os explicarei de modo conceitual. Agora, contudo, é preciso reforçar que qualquer empreendedor tem a possibilidade de constituir um ecossistema para o seu negócio, e vou lhe mostrar isso a partir de um empreendimento tradicional, presente em qualquer cidade do país: um açougue.

Até o século XX, as pessoas pensavam os negócios de maneira linear.[9] No caso do açougue, esse pensamento estaria ligado ao fato de abrir um estabelecimento comercial, em que só se venderia o produto no horário comercial. Ou seja: abrir as portas às 7 horas da manhã e, até às 20 horas, esperar os clientes chegarem para comprar a mercadoria. Esse seria um contexto de trabalho linear, ligado à economia de um tempo no passado.

[9] MARINHO, T. Os 5 principais desafios das empresas da economia criativa. **K21**, 25 out. 2023. Disponível em: https://k21.global/br/blog/principais-desafios-empresas-economia-criativa. Acesso em: 20 dez. 2023.

A capacidade de estabelecer conexões significativas é um diferencial entre uma transação comercial pontual e uma relação duradoura de compra e venda.

@felipepachecoborges

O desafio agora é: como pensar nesse açougue inserido em uma organização de negócios estruturada em ecossistema? Para começar é necessário tomar algumas ações imediatas.

Em um primeiro momento, é preciso buscar um frigorífico com o qual estabelecer uma parceria de trabalho, definindo, assim, a constituição de uma marca própria dos produtos que serão oferecidos. Ou seja, nesse açougue a carne terá marca autoral. Haverá uma etiqueta específica identificando-a, a fim de criar percepção de valor singular. A partir dessa base de ação, é possível desencadear uma quantidade quase infinita de iniciativas. Vou citar algumas.

Esse açougue pode começar a se expandir por meio de uma sociedade com um restaurante existente ou até mesmo com a abertura, se houver recursos financeiros, de um restaurante especializado em carnes no qual os pratos servidos utilizam os produtos do próprio açougue. Essa é uma ação pontual de relação empresarial para ampliar a presença do açougue como negócio, e as possibilidades de diversificação não se esgotam aí.

O churrasco é uma das maiores tradições da culinária brasileira e quem faz churrasco, além de comprar a carne, necessita de utensílios. Esses utensílios podem ser vendidos com a marca do açougue. Uma tábua de carne com a marca do açougue, uma faca, uma grelha. Enfim, tudo o que é necessário para fazer o churrasco pode ser um produto em potencial.

Pensou em uma hamburgueria?! O que impede esse açougue de firmar uma parceria com alguma da cidade? O que impediria esse açougue de disponibilizar, nessa hamburgueria, uma pequena geladeira ou freezer com as suas carnes? Hambúrgueres *in natura* poderiam ser colocados à venda em pequenos freezers para que os clientes pudessem levá-los para fazer em casa em uma confraternização, no jantar, no almoço.

Mas é possível ainda pensar em situações ainda mais criativas, por exemplo, uma "escola de churrasco".

Você já parou para pensar o quanto de conteúdo geramos em nossos negócios? O quanto esse conteúdo é original e pode ser compartilhado se devidamente organizado?

Nessa "escola de churrasco", pode-se ensinar cortes de carne, a fazer churrascos, a temperar a carne de maneira especial, as características de cada carne, entre tantos outros aspectos para a sua preparação. E o melhor: esse espaço para compartilhar conhecimento poderia ser on-line, difundindo fácil e significativamente as informações e gerando um conteúdo que poderia ser utilizado nas redes sociais em larga escala, além de disseminar a imagem do açougue, ganhar notoriedade e estabelecer, pela comunicação virtual, um açougueiro influenciador. Mas isso ainda não é tudo.

E se, além da escola, o açougue fizesse um projeto social e o chamasse de "Carne Para Todos". Essa iniciativa seria um elemento para o desenvolvimento de um complexo planejamento de marketing social, capaz de influenciar pessoas e empresas a aderirem à causa, a ponto de essa ação se ampliar e de se tornar uma verdadeira rede de solidariedade.

Um projeto social ajuda a solidificar as bases e os valores do negócio, amplificando de modo consistente seu ecossistema de atuação, o que geraria mais pertinência para fazer ações tradicionais, como a criação de franquias da marca ou do modelo de parceria. E mais: já parou para pensar que, em termos de comunicação virtual, esse açougue pode existir no metaverso? Sim, o açougue pode ser replicado no metaverso, e quando estiverem interagindo com ele por lá, as pessoas terão acesso a vários de seus serviços e receitas da escola de churrasco que, por sua vez, vai oferecer cursos especiais para quem interagir no metaverso. E tem mais.

Pelas redes sociais, o açougue poderia também organizar um programa em vídeo para eleger o melhor açougueiro da região, do estado ou, até mesmo, do país. Em termos de produto de comunicação, é possível, também, fazer um podcast para discutir sobre a carne de maneira abrangente.

Percebeu como não é necessário ser uma empresa gigante para desenvolver uma ação original e agir em formato de ecossistema? É preciso, sim, ser criativo e estar junto de pessoas que compartilhem o mesmo pensamento sobre ecossistema. Esse é o grande diferencial.

O SUCESSO É GARANTIDO SE O NEGÓCIO FOR INOVADOR – SERÁ?

Por fim, ao refletir sobre o sucesso nos negócios, é comum ouvir a seguinte afirmação: apenas os empreendimentos inovadores alcançam desempenho excepcional. No entanto, é importante desafiar essa lógica e explorar outras perspectivas. Embora a inovação seja valiosa e, sim, impulsione o crescimento das atividades, ela não é o único caminho para o sucesso empresarial.

Em primeiro lugar, é importante reconhecer que se pode interpretar a inovação de diferentes maneiras. Nem todas as empresas precisam criar produtos ou serviços totalmente revolucionários para se chegar ao sucesso.

●●● A adaptação e melhoria contínua também podem ser maneiras de inovar, permitindo que as empresas se destaquem em mercados saturados.

É preciso, sim, ser criativo e estar junto de pessoas que compartilhem o mesmo pensamento sobre ecossistema. Esse é o grande diferencial.

@felipepachecoborges

Construir um negócio de sucesso não requer apenas inovação, mas também outros fatores fundamentais, como a execução eficiente das atividades, a consolidação da qualidade na oferta dos produtos ou da prestação de serviço, a excelência operacional, a satisfação do cliente etc.

Diferentes tipos de negócios têm necessidades diferentes. Embora a inovação seja uma estratégia valiosa que abre as portas para o sucesso, é importante desafiar a ideia de que apenas negócios inovadores são capazes de prosperar. Cada empresa precisa encontrar sua maneira de existir, combinando uma série de fatores que lhe sejam pertinentes para se adaptar ao mercado.

Um negócio pode ser bem-sucedido ao oferecer algo que já existe, desde que seja capaz de entregar valor de maneira consistente e satisfazer as necessidades do mercado. Negócios que não são necessariamente inovadores podem prosperar ao identificar nichos de mercado não atendidos, oferecer soluções mais eficientes ou simplesmente atender a demandas existentes de maneira excepcional.

É preciso lembrar que muitas empresas inovadoras falham, principalmente quando não conseguem encontrar um mercado adequado ou enfrentam dificuldades na implementação de suas atividades. A inovação nem sempre é garantia de sucesso, nem é suficiente para sustentar um negócio a longo prazo. A capacidade de gerenciar com eficiência as operações, lidar com desafios e adaptar-se às mudanças é crucial para a sobrevivência e o crescimento contínuo de um empreendimento.

Uma empresa pode ter uma ideia inovadora, mas se não conseguir executá-la adequadamente, ou se não tiver visão estratégica, pode não obter sucesso a longo prazo. O sucesso nos negócios é um resultado multifatorial que vai além da simples inovação.

Na prática, empreender significa estar disposto a se arriscar, a experimentar, a aprender com os erros e a adaptar-se rapidamente às mudanças do mercado. O mundo dos negócios é dinâmico e está em constante evolução. Quem busca apenas estabilidade pode se acomodar em uma zona de conforto que em algum momento se tornará obsoleta. Já os empreendedores que abraçam a incerteza e a instabilidade têm mais chances de se adaptar às novas demandas e oportunidades.

O empreendedorismo oferece a liberdade de moldar o próprio destino e a possibilidade de criar algo significativo e impactante. Ao abrir mão da busca exclusiva pela estabilidade, damos espaço para a criatividade, a inovação e o crescimento pessoal e profissional. Você está preparado para agir dessa forma?

O empreendedor bem-sucedido é aquele que está disposto a assumir riscos calculados, aprender com os erros e se adaptar às circunstâncias, mantendo sempre a motivação para alcançar seus objetivos.

@felipepachecoborges

CAPÍTULO 3

Um grande caos instalado

O ecossistema de negócios traz inovação, propicia troca de conhecimentos, gera oportunidades e cria um ambiente em que todos podem prosperar.

De tempos em tempos, a humanidade cria marcos temporais que redefinem como convivemos em sociedade. Ao longo da história, foram inúmeros pontos de inflexão que definiram uma nova organização social. Um dos mais significativos ocorreu no final do século XVIII, originariamente na Grã-Bretanha: a Revolução Industrial. Ao longo dos séculos subsequentes, ela se espalhou por todos os demais países e transformou radicalmente a produção de bens, o consumo, estabeleceu uma economia global e redefiniu as estruturas sociais. O mundo mudou após o seu surgimento.

De um sistema social predominantemente rural, feudal, vimos a introdução de máquinas como elementos de auxílio à força de trabalho, além da disseminação da energia elétrica como aspecto revolucionário que promoveu um gigantesco salto tecnológico e uma mudança radical no modo de produção. Aquele foi o momento em que surgiram as máquinas a vapor, as locomotivas, os navios a vapor, os teares mecânicos. As transformações se tornaram irrefreáveis. Os avanços da época mudaram a vida das pessoas. Sobretudo, porque impactaram diretamente o modo de se trabalhar e de se locomover.

No momento em que as fábricas substituíram os métodos manuais de produção, a eficiência e produtividade dos trabalhadores aumentaram radicalmente. Essa alteração resultou na produção em massa de bens, tornando-os mais acessíveis para uma maior quantidade de pessoas. Aquele seria o começo do que, futuramente, chamaríamos de mercado consumidor.

A industrialização atraiu as pessoas das áreas rurais para as cidades, que foram em busca de empregos nas fábricas. Essa migração causou um instantâneo crescimento urbano e a formação dos primeiros centros industriais que definiram uma nova lógica de pensar as cidades, estimulada pela consolidação de uma classe trabalhadora industrial e a ascensão da classe burguesa. Essa organização social emergente sacramentou a radical transformação das estruturas sociais.

O advento da industrialização, sobretudo, foi fator decisivo para o rápido desenvolvimento e a consolidação do capitalismo que, como sistema econômico, baseia-se na legitimidade dos bens privados e na total e irrestrita liberdade de comércio e indústria, com o objetivo de se adquirir lucro. Como um sistema social, ele prevê que o capital está nas mãos de empresas privadas ou indivíduos que, por sua vez, contratam, em troca de um salário, força de trabalho para a execução de tarefas específicas.

A Revolução Industrial impulsionou o comércio global na medida em que as mercadorias produzidas em massa podiam ser transportadas em grande escala, o que foi facilitado pelo surgimento das ferrovias, pela construção dos navios a vapor, pelo estabelecimento dos canais de navegação – situações que consolidaram a expansão dos mercados além das fronteiras nacionais. E mais: houve avanços científicos que forneceram as bases para o desenvolvimento de saberes ligados à química, à física, à medicina, à engenharia, entre outros conhecimentos, que definiram a produção científica como a conhecemos.

É possível escrever livros e mais livros sobre a Revolução Industrial e como ela afeta a nossa vida até hoje. Apresento-a aqui apenas como referência para dimensionar o que a computação, a internet e a inteligência artificial, mais recentemente, representam para nós. Acima de tudo, como esses aspectos são estruturantes para o conceito do ecossistema de negócios, tema deste capítulo.

RAIO-X

Formalmente, um ecossistema de negócios refere-se a um ambiente em que empresas e empreendedores operam, interagem e se relacionam com outras organizações, instituições e as partes interessadas (seja elas quais forem). É um sistema complexo e interdependente que envolve uma rede de corporações dos mais variados tamanhos, instituições financeiras, fornecedores, concorrentes, agências governamentais, centros de pesquisa, universidades, organizações não governamentais (ONGs), investidores, entre outros agentes relevantes; isso, claro, sem se esquecer, nessa dinâmica, do papel significativo dos consumidores. Em última medida, eles são a razão de existir dos ecossistemas de negócios, principalmente quando se entende que a produção ou a prestação de serviço precisa ser consumida. Esse sistema, contudo, não ocorre de maneira ordenada, pré-definida.

●●● **O conceito de ecossistema nada mais é do que um grande caos instalado, em que várias cadeias instauradas e vários elementos interligados se autossustentam. O termo ecossistema de negócios foi inspirado pela analogia com os ecossistemas naturais, nos quais diferentes organismos interagem e dependem uns dos outros para sobreviver e prosperar.**

Tomemos como exemplo a biodiversidade existente nas florestas. Os ecossistemas florestais abrigam uma imensa variedade de plantas, animais, insetos e microrganismos. Essa diversidade biológica é essencial à sua manutenção e ao seu equilíbrio. Entre outros aspectos, ela contribui para a polinização das plantas, a dispersão de sementes e a ciclagem de nutrientes.

Assim como em um ecossistema natural, um ecossistema de negócios caracteriza-se pela interação dinâmica de seus diferentes componentes. Cada elemento inserido dentro desse ambiente não existe de modo isolado, mas conectado, influenciando-se mutuamente por meio de trocas de recursos, informações e valores.

Quem participa de um ecossistema de negócios se beneficia de sinergias, colaborações e parcerias estratégicas, porque, afinal, compartilhar é uma de suas formas estruturais. Quem nele está envolvido

Assim como em um ecossistema natural, um ecossistema de negócios caracteriza-se pela interação dinâmica de seus diferentes componentes.

@felipepachecoborges

compartilha conhecimento, recursos, tecnologias e oportunidades de negócios e de relacionamento. Essas interações são meios para impulsionar a inovação, aumentar a eficiência operacional e abrir novos mercados.

Um ecossistema de negócios bem-sucedido propicia a colaboração, a inovação e o crescimento econômico. Ele estabelece um ambiente propício à criação e ao desenvolvimento de empreendimentos singulares e originais, estimulando, ainda, uma competição saudável, o que facilita a troca de conhecimentos, de recursos e promove a sustentabilidade.

No entanto, assim como nos ecossistemas naturais, há desequilíbrios possíveis, e a falta de harmonia pode ter efeito extremamente negativo ao seu estabelecimento. Condições desfavoráveis como políticas regulatórias inadequadas, barreiras comerciais, falta de acesso a financiamento e corrupção limitam o desenvolvimento do ecossistema, o que dificulta a criação de um ambiente empresarial saudável.

Um ecossistema de negócios é um ambiente complexo, mas cuja maneira de se organizar pode levar à promoção do crescimento econômico, assim como a sustentabilidade dos participantes dele.

> ●●●
> Em um universo de redes de colaboração, as chances de sucesso tendem a aumentar com o estímulo ao desenvolvimento empresarial e à inovação. Por isso destaca-se o fato de o ecossistema de negócios trazer **inovação**; **troca de conhecimento**; **oportunidades**; **criação de um ambiente de prosperidade**.
> Em um mundo cada vez mais conectado e dinâmico, a abordagem colaborativa e integrada é fundamental para o sucesso de qualquer negócio, sobretudo para o pequeno e médio empreendedor.

Um grande caos instalado

> Ao se conectar a outras empresas, o empresário preenche as lacunas do próprio negócio e passa a atender um público muito mais amplo. Forma-se, assim, uma comunidade forte, com conteúdo de expansão e escala.

Um conceito recente

Embora não haja uma data específica que demarque o surgimento do conceito de ecossistema de negócios, ele começou a ser pensado no final do século XX, principalmente quando da ascensão da economia digital, e se desenvolveu à medida que os estudiosos e empreendedores buscaram compreender e descrever as dinâmicas empresariais em ambientes altamente conectados e interativos proporcionados pelas redes de computação.

A ideia de visualizar as empresas como parte de um ecossistema em que elas interagem e influenciam-se mutuamente ganhou popularidade e aceitação ao longo do tempo. Com isso, a definição do conceito busca capturar a complexidade das relações comerciais e a importância da colaboração, da inovação e da troca de recursos no mundo corporativo.

Desde então, o conceito de ecossistema de negócios é amplamente adotado e aplicado em diversos setores, em especial naqueles com forte presença de tecnologia e inovação – a indústria de tecnologia da informação com empresas de hardware, software, serviços e desenvolvedores independentes interagindo em um ambiente altamente dinâmico e competitivo. No entanto, como já mencionado, os mais diversos setores podem desfrutar dos benefícios de um ecossistema de negócios.

•••

O conceito de ecossistema nada mais é do que um grande caos instalado, em que várias cadeias instauradas e vários elementos interligados se autossustentam.

@felipepachecoborges

EVOLUÇÃO CONSTANTE

Quando se pensa em um ecossistema florestal ou do oceano, é impossível não se remeter ao fato de que esses ambientes são perfeitos exatamente pela profusão de elementos que se interligam para estruturá-los. Até podemos não entender muito bem como cada um dos seus integrantes impacta a existência do outro, mas a evolução, a modificação, a revolução daquele ecossistema consiste nessa constante interação. É um tênue equilíbrio. Como resultado, essa dinâmica gera algum tipo de evolução no mundo, e evolução é a palavra que define ecossistema de negócios.

No meio do caos, de uma incerteza de resultados, de uma profusão de possibilidades, precisamos olhar para essa situação concentrando-nos na evolução que esses relacionamentos podem nos propiciar. Nesse sentido, é pertinente se questionar:

- Estamos evoluindo?
- Ao construir nosso ecossistema de negócios, vamos evoluir?
- Estamos aproveitando melhor o que temos?

É bom lembrar que um ecossistema de floresta é formado por uma interação complexa entre seres vivos e fatores físicos e químicos. A sua formação envolve diversos processos ao longo do tempo e cada ecossistema de floresta é único por, entre outros motivos, ser influenciado por questões climáticas, geográficas e históricas específicas de uma região.

A formação de um ecossistema de floresta é um processo dinâmico e contínuo que pode levar décadas ou até séculos para alcançar um estado de equilíbrio relativo. O mesmo conceito aplica-se aos ecossistemas de negócios. Eles são únicos, há fatores específicos agindo sobre eles, há um contexto histórico determinante, e é preciso tempo para que se estruturem, se consolidem.

●●● **Os ecossistemas de negócios vieram para ficar, eles não são um modismo passageiro. Empresas pequenas, por exemplo, só tendem a crescer quando o estabelecem. Isso acontece porque elas vão se beneficiar de um ambiente propício ao seu desenvolvimento e, consequentemente, atingir o tão almejado sucesso.**

Um dos principais benefícios da implementação desse tipo de ecossistema é o acesso a recursos e conexões. Empreendimentos pequenos, muitas vezes, enfrentam significativos desafios financeiros e têm dificuldade em obter financiamento. No entanto, ao fazer parte de um ecossistema de negócios mais amplo, podem ter acesso a fontes de financiamento, investidores e programas de apoio que os ajudem a impulsionar seu crescimento. Além disso, o estabelecimento de um ecossistema eficiente oferece oportunidades de conexão com outras empresas, mentores e especialistas, criando uma rede de contatos valiosa.

A colaboração é outro fator crucial desse modo de se estruturar. Ao interagir com outros negócios e empreendedores, as empresas compartilham conhecimentos, experiências e boas práticas. A troca de informações e ideias pode resultar em insights valiosos, além de estimular a inovação e abrir oportunidades de negócios. Além disso, a colaboração pode levar a parcerias estratégicas em que empresas se unem para enfrentar desafios comuns, desenvolver produtos ou explorar mercados.

Ao interagir com outros negócios e empreendedores, as empresas compartilham conhecimentos, experiências e boas práticas.

@felipepachecoborges

Há ainda a possibilidade de entrar em contato com mercados e clientes que, de outro modo, seriam difíceis de serem alcançados. Por meio de parcerias com outros empreendimentos, ou empreendedores, participação em eventos e plataformas compartilhadas, as empresas têm a possibilidade de expandir o alcance e o networking, aumentando as oportunidades de vendas. Esse acesso a mercados mais amplos contribui para o crescimento sustentável e a competitividade.

Um ecossistema de negócios também estimula o aprendizado coletivo. Ao interagir com outras empresas e acompanhar as tendências e soluções de mercado, há uma atualização natural dos seus conhecimentos, além de se ter a chance para implementação de melhores práticas, incrementando a sua gestão. Esse contínuo aprendizado faz os negócios se adaptarem às mudanças do mercado de modo mais eficiente.

Estabelecer um ecossistema de negócios proporciona um ambiente de apoio mútuo. Empresas enfrentam adversidades todos os dias, e ter uma rede de contatos e suporte é fundamental para superação desses obstáculos. Afinal, em um ambiente de interação e colaboração, as empresas compartilham recursos, estratégias de enfrentamento e experiências, impulsionando seu crescimento, aumentando a competitividade e superando desafios.

Mais do que criar, é preciso pensar

Apenas recentemente algumas pessoas começaram a falar de ecossistema de negócios. Mas muitas já estão aplicando esse novo jeito de pensar o negócio. E, claro, há também quem esteja ignorando-o. Você precisa decidir em qual grupo deseja estar, qual caminho quer seguir. Bem, você está com este livro em mãos e já passou das páginas iniciais.

Então, acredito que a sua resposta seja algo como: "Sim, eu quero desenvolver um ecossistema de negócios". É por isso que, a seguir, apresento passos iniciais relevantes que podem ser entendidos em forma de perguntas:

- Como posso criar o meu ecossistema de negócios?
- Como enxergo um ecossistema?
- Como penso o meu ecossistema?

Todo santo dia, eu acordo e penso em ecossistema de negócios. Isso acontece porque esse é um tema que me intriga. É muito importante termos em mente que esses ecossistemas têm grande poder para capilarizar muito rápido tudo o que se faz.

Muitas vezes, nós nos fechamos, nos acomodamos em nosso negócio. Consequentemente, não exploramos nem 10% daquilo que seria possível se nos abríssemos ao conhecimento, ao intercâmbio, ao contato com outras experiências. Os ecossistemas de negócios, então, acabam funcionando como uma potência, uma maneira de acelerar, uma espécie de combustível. Sabe quando se coloca combustível em algo e aquilo anda mais rápido? Basicamente, esse é o poder dos ecossistemas. Acelerar o nosso passo, tornar a nossa caminhada mais ágil.

O ecossistema de negócios traz inovação, propicia troca de conhecimentos, gera oportunidades e cria um ambiente em que todos podem prosperar.

No mundo conectado e dinâmico de hoje, a abordagem colaborativa e integrada é fundamental para o crescimento, a sustentabilidade e o sucesso de qualquer negócio. Como vimos, essas redes de colaboração proporcionam acesso a recursos, oportunidades de aprendizado, ampliação de mercados, visibilidade e fomento de credibilidade. Ao se conectar a outras empresas, é possível preencher as lacunas do seu próprio negócio e atender a um público muito mais amplo. Assim, estabelece-se uma comunidade empresarial forte com conteúdo relevante, possibilidade de expansão e escala e venda. Eis a nossa nova Revolução Industrial em curso, nosso ponto de inflexão que vai nos alçar a outro patamar de produção e constituir uma maneira distinta de empreender e trabalhar.

No próximo capítulo, trarei o primeiro passo para que tudo isso possa acontecer, que é quando há a identificação do núcleo de negócio. Aliás, você sabe qual é o núcleo do seu negócio?

O ecossistema de negócios traz inovação, propicia troca de conhecimentos, gera oportunidades e cria um ambiente em que todos podem prosperar.

@felipepachecoborges

CAPÍTULO 4

A prosperidade do seu negócio tem uma bússola

O núcleo de seu negócio é o aspecto de gestão responsável por estruturar todo o seu empreendimento.

O capítulo anterior termina com uma pergunta importante: "Você sabe qual é o núcleo do seu negócio?". Por uma série de razões, essa resposta é essencial para desenvolver um ecossistema eficiente. É a partir da identificação desse núcleo que se estrutura um plano de ação sólido para o empreendimento, abrindo, assim, contexto para estabelecer projeções objetivas de resultados e desempenho. Desse modo, é possível obter indicadores mensuráveis de trabalho que o ajudarão a realizar as metas estipuladas e, caso seja preciso, fazer os ajustes devidos. Isso certamente o auxiliará a abrir caminho rumo ao sucesso da sua empresa.

E é exatamente isto que quero aqui: que o seu empreendimento prospere. Por isso, o meu objetivo neste capítulo é mostrar a você como identificar o seu núcleo de negócio, caso você já seja um empreendedor; ou estimulá-lo a refletir sobre um possível núcleo para seu negócio a partir das suas habilidades profissionais e dos seus interesses. Sim, há indicativos objetivos para tudo isso acontecer.

Um desses indicativos (um dos iniciais, a bem da verdade) envolve compreender de modo profundo a ação de seu cliente. Esse aspecto de gestão é obtido quando os empreendedores conseguem responder a outra pergunta fundamental: a atividade e/ou produto da minha empresa desperta qual sensação no meu cliente? É preciso conhecer essa reação primária de quem consome os seus serviços e/ou produtos, porque ela está conectada ao núcleo do seu negócio.

> O que você provoca em seu cliente?
> Seria alegria, satisfação ou uma emoção profunda?
> Talvez você o transforme, desperte algum sentimento de agilidade, de mudança ou até mesmo eleve a autoestima dele. Não importa o que seja, a questão aqui é identificar a sensação.
> O que você realmente provoca?
> Qual é a sensação que seu negócio proporciona?
> A identificação desse comportamento é a essência do seu empreendimento.

Deixe de lado, por um momento, o produto que você oferece ou o serviço que presta. O seu negócio não se resume a isso, esse não é o seu núcleo. É um equívoco bastante comum acreditar que aquilo que você é como empreendedor se resume a seu produto ou sua prestação de serviço. Esse erro, aliás, explica diversos insucessos no setor de empreendimento brasileiro.

De acordo com o Instituto Brasileiro de Geografia e Estatística (IBGE), quase 80% das empresas brasileiras fecham em menos de dez anos de funcionamento.[10] Esse índice é assustador. Uma quantidade gigantesca de empresas tem suas operações descontinuadas, e um dos motivos para isso é a identificação incorreta do núcleo dos seus negócios.

●●● **Claro, é importante reforçar, uma empresa não fecha porque há um problema pontual. São diversos os fatores que ocasionam o fechamento de um empreendimento.**

O foco da pesquisa de Demografia das Empresas e Estatísticas de Empreendedorismo do IBGE, divulgada em outubro de 2021, é o de "estudar a dinâmica demográfica das empresas e unidades locais a partir dos eventos de entrada, saída e sobrevivência, além da mobilidade das empresas sobreviventes".[11] Ou seja, trata-se de um levantamento estatístico que aponta os números dessa movimentação no país, revelando um aspecto de grandeza e impacto desse fato.

---

[10] NERY, C. Em 2021, saldo de empresas que entraram e saíram do mercado cresceu pelo terceiro ano seguido. **Agência IBGE Notícias**, 26 out. 2023. Disponível em: https://agenciadenoticias.ibge.gov.br/agencia-noticias/2012-agencia-de-noticias/noticias/38171-em-2021-saldo-de-empresas-que-entraram-e-sairam-do-mercado-cresceu-pelo-terceiro-ano-seguido. Acesso em: 21 dez. 2023.

[11] IBGE. **Demografia das empresas e estatísticas de empreendedorismo 2019**. Rio de Janeiro, 22 out. 2021. Disponível em: https://agenciadenoticias.ibge.gov.br/media/com_mediaibge/arquivos/6c45c3cc03fde069721466338e7516ec.pdf. Acesso em: 21 dez. 2023.

O estudo foi conduzido a partir de um recorte do Cadastro Central de Empresas (CEMPRE) e se focou nas informações empresariais de uma década, em um levantamento temporal entre os anos de 2009 e 2019; e não trouxe as causas para o fechamento desses empreendimentos.

O estudo do IBGE avaliou, ainda, a idade média das empresas no país. Essa idade, em 2019, era de 11,7 anos, pouco acima dos 11,6 identificado em 2018. Uma década antes, em 2009, essa mesma taxa era de 9,7 anos.

Diante dos critérios adotados, o IBGE chegou a algumas conclusões, entre elas: das empresas fundadas em 2009, apenas 22,9% mantiveram as portas abertas até 2019. Ou seja, a taxa de sobrevivência desses empreendimentos diminuiu aos longo dos anos.

Esse índice contrasta com o fato de que um ano após serem abertas, em 2010, 77,5% ainda estavam ativas. Essa informação, analisada de outra maneira, dá margem para se constatar que uma a cada cinco empresas não consegue se manter ativa em seu primeiro ano de funcionamento. Algo que merece atenção.

Esse expressivo resultado sobre a quantidade de empreendimentos que fecham as portas em tão pouco tempo é coerente com estudos realizados pela consultoria de tecnologia dos Estados Unido CB Insight, publicados pela *Forbes*.[12] Nas análises de sua pesquisa sobre o mercado brasileiro, apontam que alguns dos principais problemas dos pequenos negócios para se manterem abertos no Brasil é o fato de eles lançarem produtos "confusos" ou "inúteis". De acordo com essas consultorias, os empreendedores não ouvem a real demanda do mercado consumidor.

---

[12] BURNS, S. 10 principais causas de fracasso de pequenas empresas. **Forbes**, 8 maio 2019. Disponível em: https://forbes.com.br/principal/2019/05/10-principais-causas-de-fracasso-de-pequenas-empresas/. Acesso em: 21 dez. 2023.

Isto é, as empresas não satisfazem as verdadeiras necessidades apresentadas pelas pessoas.

Empresas que não sabem qual é o núcleo do seu negócio tendem a lançar produtos "confusos" ou "inúteis". Por isso, a extrema importância de identificar qual sensação seu produto e/ou prestação de serviço desperta no público consumidor. É essa sensação que vai definir:

- a sua estratégia de marketing;
- o seu plano de investimento financeiro;
- o perfil para contratação de seus funcionários;
- a sua área de atuação;
- o foco de atuação on-line ou off-line, ou como combinar esses dois universos.

Enfim, todas as suas ações são decorrentes do entendimento e da apropriação do seu núcleo de negócio. É ele que estrutura a sua ação e que permitirá que você o expresse de modo mais eficaz, conquistando e fidelizando os clientes que se identificam com a experiência que você proporciona. Portanto, é importante concentrar-se naquilo que você provoca em seu cliente. Isso vai guiar o seu empreendimento rumo ao sucesso.

MITO E INSPIRAÇÃO

Em capítulos mais à frente, vou trazer alguns exemplos de ecossistemas de negócios que são referência para mim. Neste, contudo, quero mencionar o trabalho de um empreendedor que me inspira por diversas razões.

O ecossistema criado pelo inglês Richard Branson, fundador do conglomerado *Virgin* (uma organização de empresas que opera em diversos setores, como aviação, mídia, entretenimento, transporte e energia) é um case de sucesso que precisa ser sempre lembrado e estudado em detalhes. A sua trajetória é motivacional.

Um dos motivos que tornam a história de Branson tão especial, como relatam diversas matérias da mídia inglesa sobre ele, foi o fato de ele ter entendido, ainda moleque, o seu núcleo de negócio. Ele começou a vida profissional vendendo CDs, mas os discos em si eram apenas um detalhe. Na verdade, ele entregava entretenimento ao cliente. Ou seja, o core das suas atividades era a diversão, os momentos de lazer, as recordações e sensações de prazer que as pessoas teriam ao ouvir a música. O CD em si era o objeto que ofereceria a maior quantidade possível de emoções e vivências a cada um dos seus compradores. A partir dessa compreensão, ele estruturou suas atividades empresariais e constituiu um dos maiores conglomerados de entretenimento do mundo.

Periquitos, pinheiros e coelhos

Branson, cujo nome completo é sir Richard Charles Nicholas Branson – sim, ele foi condecorado pela rainha Elizabeth II, em 2000, com o título de Cavaleiro do Império Britânico – nasceu em 18 de julho de 1950, na cidade de Londres, na Inglaterra. Desde adolescente, demonstrou uma sagacidade empreendedora e uma mente irrequieta e criativa.

O seu primeiro empreendimento de sucesso foi uma revista chamada *Student*, idealizada e lançada por ele e o seu melhor amigo de

Empresas que
não sabem qual é
o núcleo do seu negócio
tendem a lançar
produtos "confusos"
ou "inúteis".

@felipepachecoborges

infância, Nik Powell, que se tornaria seu sócio ao longo da vida. Ambos eram adolescentes e estavam no Ensino Médio quando embarcaram no projeto da revista que definiria a vida adulta deles.

●●● **Importante lembrar que a ideia da *Student* contou com o apoio decisivo de Eve, sua mãe, uma entusiasta contumaz do filho, que o incentivava a realizar os seus desejos. Esse fato é significativo, a despeito de Eve ser a mãe dele, porque ele reforça o quanto é fundamental ter apoio para se lançar na aventura de empreender.**

Antes da *Student*, porém, Branson e Powell estiveram envolvidos no fazer de alguns negócios, por assim dizer. No quintal da família dos Branson, a primeira iniciativa da dupla foi montar uma criação comercial de periquitos. Durante as férias escolares deles, o empreendimento até que deu certo resultado. Em pouco tempo, os periquitos se reproduziram, e os dois garotos conseguiram obter algum retorno financeiro vendendo os filhotes. No entanto, com a volta às aulas, a responsabilidade de cuidar dos animais passou a ser de Eve, que, cansada da atividade, decidiu libertar os passarinhos.

A mãe de Branson abriu as gaiolas dos pássaros que, literalmente, bateram as asas e voaram, mas os dois amigos não se intimidaram com a descontinuidade da criação dos periquitos. Analisaram as possibilidades de empreendimentos à sua volta e decidiram cultivar pinheiros para vender na época natalina. Na Europa, essa é uma atividade bastante lucrativa na medida em que grande parte dos europeus compra pinheiros naturais para utilizar como árvores de Natal. Entretanto, Branson e Powell não previram a incidência de uma certa "praga" em sua plantação. A área destinada ao cultivo dos pinheiros estava repleta de coelhos, que não se fizeram de rogados.

Em busca de alimentos, os animaizinhos devoravam as sementes plantadas. Diante da fome deles, nenhuma das sementes vingava; e, como Branson e Powell foram incapazes de controlar aquele persistente "ataque", o negócio da venda dos pinheiros desandou. Esse fato, porém, revelou o senso de oportunidade da dupla.

Impossibilitados de conter a ação natural dos coelhos, decidiram caçá-los e vendê-los para o açougue local. Branson e Powell foram pragmáticos. Se não podiam reverter a situação, encontraram um meio de usá-la a seu favor. Eles até conseguiram certo lucro com a inciativa, mas nada substancial ou que seria um marco ao desenvolvimento de suas ações empresariais. O que viria, de fato, a ser decisivo para eles estava prestes a acontecer.

A revolução da música

Apesar de bastante proativo em sua vida pessoal, na escola, Branson teve muitos problemas. Disléxico, não conseguia acompanhar o ritmo da turma. Com dificuldade de aprendizado e outras questões, demorou mais tempo do que os colegas para aprender a ler e a escrever.

A dislexia o fez ser visto como preguiçoso, o que o levou, por diversas vezes, a mudar de colégio. Algumas dessas mudanças também foram motivadas por suas notas bem abaixo da média e pelos diversos casos de bullying que sofria. Em sua vida escolar, a única área em que chamou alguma atenção positiva foi na prática das atividades esportivas. Todo esse cenário, entretanto, mudaria após o lançamento da *Student*. A partir da publicação da revista, foi como se Branson tivesse encontrado um caminho para a prosperidade em sua vida.

A sua escola, à época, incentivava os alunos a participarem da publicação de revistas organizadas pelos professores. Como se sentia um "patinho feio" naquele universo, Branson procurou encontrar uma maneira de publicar os seus pensamentos sem a possível censura que temia receber caso participasse. Aquela passagem de sua vida, mostraria, mais uma vez, sua sagacidade empresarial e o senso de oportunidade para reverter um cenário desfavorável.

Branson lançou mão da estrutura da escola para entrar em contato com possíveis anunciantes para a sua publicação. A iniciativa deu certo. Ele não só conseguiu o apoio financeiro necessário, como contou em seu primeiro número com a colaboração de artistas do nível de Gerald Scarfe, o idealizador da capa do álbum *The Wall*, do Pink Floyd. Scarfe fez ilustrações para a *Student*.

Branson e Powell levaram às páginas da sua publicação as angústias dos jovens daquela época, amplificando, entre outros assuntos, a homossexualidade, a gravidez indesejada, o suicídio – temas tabus que não eram discutidos tão abertamente, mas que estavam presentes nas rodas de conversas dos adolescentes. A revista contestava, ainda, fatos relevantes expostos pelo noticiário, como a Guerra do Vietnã, um assunto de grande importância no final da década de 1960 e no início dos anos de 1970.

Ao olhar hoje para a sua atuação à frente da *Student*, é perceptível outra das suas marcas profissionais, a de ser um empresário que desafia o status quo e um visionário. Mas o que revolucionaria a sua vida não seria a polêmica dos temas abordados, nem o alcance social da discussão promovida pela revista. A revolução por vir estava na editoria de música da *Student*.

Desde o começo da publicação, a música era um dos assuntos de maior destaque da revista. Não à toa. A música tem um grande apelo à juventude, e Branson fez o seu dever de casa. Ele conseguiu elaborar matérias significativas e entrevistou, com exclusividade, personalidades da importância e influência de Mick Jagger e John Lennon. Naquele momento, ele não era mais um adolescente brincando de fazer revista. Ao trazer nomes como o de Jagger e Lennon, ele mostrava que deveria ser levado a sério. Não demorou, e ele, mais uma vez, percebeu a oportunidade à sua frente.

Diante do interesse das pessoas pelas pautas voltadas para a música, Branson decidiu abrir uma loja de discos, que iria, inclusive, ser uma das anunciantes da sua revista. Ou seja, além de formalizar um novo empreendimento, ele ainda ampliaria o lucro da sua revista por ser seu anunciante.

Em 1972, Branson inaugurou a Virgin Records. Com o sucesso da loja, ele expandiu os empreendimentos. A Virgin Records tornou-se uma gravadora de renome internacional, tendo em seu catálogo artistas como The Rolling Stones, Sex Pistols e Culture Club. O sucesso lhe rendeu o lastro financeiro que lhe permitiu diversificar os negócios e fundar Virgin Atlantic Airways, em 1984, companhia aérea que desafiou as grandes empresas estabelecidas no setor, por exemplo, a British Airways, referência em aviação. Mas ele não parou por aí. Aquela mente irrequieta e criativa da sua infância sempre o acompanhou.

Ao longo dos anos, Branson continuou a expandir o Grupo Virgin, lançando, entre outros empreendimentos inovadores, a Virgin Mobile (empresa de telefonia), a Virgin Galactic (empresa de turismo espacial), Virgin Trains (posteriormente batizada de Virgin Trains USA, empresa de transporte ferroviário).

O que estou entregando ao meu cliente?

Em sua carreira, Branson acumulou sucessos, reconhecimento e controvérsias. Para o bem ou para o mal, sua imagem, que destoa do formal e tradicional homem de negócios britânico, atrai centenas de investidores. Por si, ele é quase uma franquia, porque outros empreendedores, atraídos por seus feitos e sua história, pagam para usar o nome Virgin em seus negócios. Resultado? O Virgin Group se expandiu para mais de 400 companhias. Ao longo do tempo, essa quantidade de empresas muda conforme surgem novos interessados na marca ou alguns outros descontinuam a sua parceria com o grupo.

Não há dúvida do quanto Branson é uma figura inspiradora para empreendedores e líderes empresariais mundo afora (eu, inclusive). Sua abordagem disruptiva, criativa e focada no cliente o tornou uma das figuras mais influentes e admiradas no disputado e vaidoso mundo dos negócios. E não só isso. Ele é, ainda, reconhecido como um filantropo, por ter fundado a Virgin Unite, fundação dedicada a questões relacionadas à mudança climática e ao empreendedorismo social.

Bilionário com postura de rockstar, além de seus negócios, Branson é constantemente associado às mais inusitadas aventuras. Em 1999, ele deu a volta ao mundo em um balão; e, em 2004, fez a travessia do Canal da Mancha em uma hora, quarenta minutos e seis segundos, a bordo de um carro-anfíbio.

Essa minibiografia de Branson que apresentei nem de longe resume todos os seus feitos como empreendedor, mas tenho certeza de que, por meio dela, você pôde perceber a visão empreendedora, a ousadia e a constante inventividade desse homem de negócios. Essas características o tornam original e são necessárias a todos os demais empreendedores.

Branson, com sua abordagem disruptiva, criativa e focada no cliente tornou-se uma das figuras mais influentes e admiradas no disputado e vaidoso mundo dos negócios.

@felipepachecoborges

Tenho a sensação de sempre aprender algo ao observar a vida de Branson e suas atitudes nos negócios. Eu fico me perguntando: "Como ele estrutura o pensamento? Como se organiza para realizar todos esses feitos?". Posso não saber ao certo as respostas a essas dúvidas, mas esse não é o ponto, o que importa é: como posso aprender a partir do exemplo dele?

Uma pergunta para mim sempre se evidencia quando olho para a história de Branson: o que estou entregando ao meu cliente?

Branson aprendeu, vendendo CD, que entregava entretenimento ao seu cliente; e para garantir essa entrega, o que ele fez? Criou várias empresas com o objetivo de expandir a sua atuação, porque, desde sempre, entendeu que o núcleo do ecossistema de seu negócio era o entretenimento. Ou seja, a partir do momento em que ele promovesse isso, prosperaria. Não à toa seu crescimento foi exponencial. É assim que funciona quando pensamos em ecossistema: temos a possibilidade de crescer continuamente.

> ●●●
>
> **PARA FIXAR: Você sabe qual é o núcleo do seu negócio?**
>
> A sensação causada por produtos e/ou a prestação de serviço em seus clientes é o que define o núcleo de negócio do seu empreendimento. Concentre-se em descobrir essa sensação. Ela será a bússola de seu mapa da prosperidade; será fundamental para a criação da sua estratégia de marketing, do seu plano de investimento financeiro, da definição do perfil para a contratação de seus funcionários, da sua área de atuação, da definição do seu investimento em uma atuação on-line ou off-line, ou a combinação desses dois universos.

Todas as ações de empreendimento são derivadas da identificação do núcleo de negócio.

Lembre-se: produtos mal definidos, confusos ou desnecessários pela percepção do mercado facilitam a descontinuidade do trabalho das empresas. Eles são fatores responsáveis pela falência dos negócios.

Sempre se pergunte:

- O que eu provoco em meu cliente?
- Qual é a sensação que o meu negócio proporciona?

Não importa qual seja a resposta. A sensação pode ser de alegria, de satisfação, de tristeza, de profunda emoção. Talvez, você provoque transformação, desperte o sentimento de agilidade, de mudança ou até mesmo tenha impacto na autoestima dele, elevando-a. A sensação é indiferente. Seja qual for, é a sua identificação que lhe dará a chance de fazer as adequações necessárias para dimensionar a sua importância no mercado e definir suas estratégias de venda. O núcleo de negócio é o que eu provoco no meu cliente.

Esqueça o produto que você entrega, esqueça o serviço que você faz, o núcleo do seu negócio não é isso.

Há uma variedade de motivos pelos quais empreendedores enfrentam dificuldades para fazer os negócios darem certo, entre elas, destacam-se:

- falta de planejamento;
- capital insuficiente;

- falta de diferenciação e proposta de valor;
- má gestão financeira;
- ausência de foco e perseverança;
- carência de habilidades empreendedoras.

Todos esses pontos, contudo, são derivados da falta de conhecimento do núcleo do negócio. Eles surgem com mais facilidade quando se age no mercado sem um direcionamento correto.
Construir um negócio requer tempo, esforço e dedicação. Muitos empreendedores desistem cedo demais ou perdem o foco diante dos desafios. A perseverança e o senso de oportunidade são essenciais para superar os momentos difíceis e continuar trabalhando em direção à prosperidade. Empreendedorismo envolve riscos e desafios. Para superá-los é preciso se manter flexível, disposto a aprender continuamente, ter resiliência e se adaptar às constantes mudanças do mercado.

Uma pergunta para mim sempre se evidencia quando olho para a história de Branson: o que estou entregando ao meu cliente?

@felipepachecoborges

CAPÍTULO 5

Pensando como um ecossistema

Mais do que criar um ecossistema, é preciso pensar como um ecossistema, existir a partir da ideia de comunidade, porque, na prática, os ecossistemas são modelos de gestão feitos para criar conexões entre empresas, pessoas, métodos, filosofia de vida.

Uma vez que o núcleo do negócio está identificado, como demonstrado no capítulo anterior, chegou o momento de estabelecer a sinergia do empreendimento. Esse é o segundo passo para a implementação do ecossistema.

Quando se fala de ecossistema de negócios, falamos da **constituição de comunidades**, por meio do **estabelecimento de relações** em um determinado **espaço corporativo**, em um setor produtivo da sociedade.

Conforme dicionário Houaiss, a palavra comunidade é um substantivo feminino que indica um "conjunto de habitantes de um mesmo Estado ou qualquer grupo social cujos elementos vivem numa dada área, sob um governo comum e irmanados por um mesmo legado cultural e histórico"; ou, ainda um "estado ou qualidade das coisas materiais ou das noções abstratas comuns a diversos indivíduos; comunhão".[13]

Dessa definição, é interessante ressaltar algumas palavras e expressões como "conjunto de habitantes", "grupo social", "irmanados por um mesmo legado cultural e histórico", "noções abstratas comuns", "comunhão". Ou seja, está se falando de um relacionamento em que há interesses comuns, compartilhamento de experiências, objetivos complementares. É uma troca que, quanto mais intensa, mais viva se torna. O entendimento dessa dinâmica é fundamental para a compreensão da organização dos ecossistemas de negócios.

A relevância de explicitar seu significado é porque, em muitas ocasiões, determinados empreendedores imaginam que estruturar um ecossistema é uma ação distante, exclusiva de algumas empresas. Frequentemente, empreendedores me afirmam: "Isso não é para mim. Eu tenho um negócio muito pequeno, de bairro, e toda essa história de ecossistema não é para mim". Isso não é verdade.

Repito: ecossistema de negócios é um modelo de gestão para todos, aplicável a qualquer empreendimento. É importante, porém, entender um detalhe: é preciso ter **pensamento de ecossistema** para a sua estruturação dar certo. Mais do que criar um ecossistema, é preciso

---

[13] COMUNIDADE. *In*: GRANDE Dicionário Houaiss da Língua Portuguesa. São Paulo: Objetiva, 2009. Disponível em: https://houaiss.uol.com.br/. Acesso em: 21 dez. 2023.

pensar como um ecossistema, existir a partir da ideia de comunidade, porque, na prática, os ecossistemas são um modelo de gestão feitos para criar conexões entre empresas, pessoas, métodos e filosofias de vida – tudo que tem sinergia com a sua marca, com o seu jeito de atuar, é insumo para a elaboração do seu ecossistema. A partir desse pressuposto, há uma constante retroalimentação dos sistemas de negócios. Isso é ecossistema.

A EFICIÊNCIA DO ECOSSISTEMA

Atualmente, as pessoas têm uma obsessão desmedida por cliente novo. O pensamento de ação por trás dessa prática é o seguinte: *Vamos colocar gente para dentro. Vamos colocar cliente para dentro. Vamos conquistar. Vamos ao "mar aberto".*

Sim, ter novos clientes é fundamental. Ampliar, cada vez mais, a cartela de clientes é necessário, mas, nessa busca desenfreada, muitas empresas deixam de perceber nuances importantes dessa dinâmica. Essa falta de percepção também ocorre porque esse tal de "mar aberto" é uma imagem que indica ações feitas sem planejamento e delimitações de gestão.

O que muitos empreendedores não percebem é que seus melhores clientes já estão perto da empresa, mas são ignorados constantemente. Para evitar que isso ocorra, os ecossistemas são fundamentais justamente para exemplificar com praticidade que é possível integrar comunidades existentes e viabilizar, de maneira efetiva e rápida, fiadores para o seu negócio.

Os melhores clientes estão perto das empresas, e eles podem proporcionar uma intensa ramificação para outros clientes.

A sinergia do seu negócio com outros negócios e/ou marcas é criada exatamente quando se estabelece um ecossistema eficiente. É fácil entender essa afirmação se você fizer o seguinte exercício mental: o que aconteceria com o seu negócio caso você se conectasse, firmasse parceria com alguma marca que não trouxesse nenhuma agilidade, ou pior, que ainda deixasse a sua marca com uma imagem de contra agilidade.

Pense por um instante: faz sentido a sua empresa se conectar com um empreendimento que não dialoga com o que você produz? Não faz, certo? Mas, na prática, essa situação acontece com muita frequência. Infelizmente, esse erro de conexão entre marcas ainda é comum no mundo dos negócios, e, em grande medida, acontece porque a conexão se dá por questões diferentes das estritamente profissionais, por exemplo, o dono da outra marca ser um amigo ou ter sido indicado por um conhecido; ou, ainda, ser algum familiar. Essas situações não são adequadas para o estabelecimento de um negócio próspero, pois os critérios utilizados para fechar essa parceria transcendem questões de análise técnica.

Em meu trabalho de consultoria, essa é uma questão facilmente identificada, que acontece porque determinados empreendedores não pensam em modo de ecossistema. Não pensam sob a ótica da retroalimentação das ações, do quanto os negócios tendem a se expandir quando as suas ações estão em sinergia com as das empresas com as quais firmaram parceria. Diante dessa situação costumo questionar: por que essa situação acontece? O que motivou firmar essa parceria? E, invariavelmente, há sempre uma historinha que revela o quanto inexiste sinergia entre as marcas. As empresas precisam superar essas histórias se, de fato, quiserem crescer, se tiverem estabelecido um compromisso sério com o seu desenvolvimento.

•••

Mais do que criar
um ecossistema,
é preciso pensar
como um ecossistema,
existir a partir da
ideia de comunidade.

@felipepachecoborges

Então, o movimento necessário para sair desse lugar é identificar os "braços" que a empresa pode explorar; e quais são os "braços" que não estão sendo explorados. Para que isso aconteça, é preciso olhar para dentro do seu negócio, concentrar-se em suas atividades, em seu networking, no compromisso com o seu cliente. Ao tomar essas medidas, a gestão é potencializada, porque o "braço" que será explorado é a potencialidade de um negócio com alguma das empresas, das marcas, do parceiro com quem você já estabeleceu alguma sinergia; e os "braços" não explorados são possibilidades de sinergia que estão disponíveis ao seu redor, mas que você ainda não aproveitou como poderia. Ainda não utilizou o potencial desse encontro.

Ao estabelecer o processo de identificar esses braços e criar um modelo de ação para essa situação, a comunidade de trabalho ficará fortalecida, mais bem estruturada, evidenciando ainda mais o que está sendo feito e quais ações ainda podem melhorar.

●●● **O primeiro ponto é identificar o núcleo de negócio e qual é a sensação que ele provoca no cliente. O segundo ponto é identificar quais "braços" eu exploro e quais "braços" eu não exploro. Aí, eu vou para o terceiro passo.**

O mundo é dinâmico, o core também

O terceiro passo para estabelecer ecossistemas de negócios envolve entender a seguinte questão: o que eu produzo dentro de casa e o que produzo fora de casa? Muitos profissionais e empresas com as quais me relaciono como mentor têm uma dúvida absurda referente a essa questão. Geralmente, eles me falam: "Felipe, eu não tenho ideia se construo uma fábrica para produzir meus produtos ou se terceirizo a produção, colocando a minha marca nos produtos feitos por uma fábrica já estabelecida; ou se utilizo a marca do cara, a fábrica do cara e apenas endosso a qualidade desse produto e/ou serviço, sendo uma espécie de 'fiador'. Eu não tenho ideia. O que eu faço?".

Ao deparar com tal incerteza, procuro conscientizar as pessoas do seguinte: "Primeiro, analise o seu core. Qual é o seu core? Dentro dele, é possível verticalizar a produção (ou outra demanda qualquer) de maneira que você integre características ou linhas de produção dentro do seu próprio negócio. O que não estiver no seu core, é possível terceirizar, porque essa atividade é um braço que você não faria. Sem contar que essa atitude o leva a uma grande curva de aprendizado".

É muito importante ponderar essa questão, pois muitos profissionais se prendem à ideia de que o core profissional deles é imutável. Isso não é verdade. O core profissional das empresas, ou dos profissionais, é mutável.

O mundo é dinâmico, e essa condição precisa sempre ser lembrada. Por mais óbvia que a ideia seja, saiba que os dias são diferentes entre si. Assim, temos de estar atentos às nossas mudanças. Diariamente, precisamos nos adaptar ao contexto, sobretudo em uma era em que a tecnologia é a base das relações.

Observe o surgimento do ChatGPT. O setor produtivo ligado à escrita, editoração e revisão de textos precisará se repensar. O setor não morreu, não vai desaparecer, mas, a partir de uma nova tecnologia que o impacta diretamente, ele passará a existir de outro modo, assim como outros setores, que também precisarão repensar o seu core. As relações e a produção do seus produtos existirão de outra maneira.

Qualquer profissional e empresa tem de olhar com atenção e análise crítica para o próprio setor, porque aquilo que é o core hoje pode ser que não seja mais daqui a seis meses. Por isso, não dá para entender os modelos de negócio como se eles fossem uma verdade absoluta e imutável, como se estivessem escritos em pedra ou fossem um sacramento que não pode ser revisto. Pelo contrário, os modelos de negócios têm de ser reavaliados periodicamente, no mínimo de seis em seis meses. Nessas avaliações, é preciso entender o que se atingiu, como os processos aconteceram, ressaltar pontos críticos, pontos de aprendizagem, conexões estabelecidas.

Essa avaliação, em um período que faça sentido às ações empresariais, é uma prática de extrema importância, independentemente do tamanho e segmento de atuação da organização. Essa mesma ideia é válida para profissionais liberais e prestadores de serviço de toda sorte.

A abordagem sistemática de análise periódica possibilita uma compreensão profunda do funcionamento interno da organização, ou do trabalho do profissional, bem como sua interação com o contexto de segmento produtivo em que estiver inserido.

●●● **Ao promover uma avaliação estruturada e regular, diversas vantagens se tornam evidentes, contribuindo para o sucesso e crescimento sustentável do empreendimento.**

Ao longo do tempo, as avaliações periódicas permitem o monitoramento contínuo do desempenho da empresa ou da prestação de serviço. Ou seja, os gestores ou os profissionais responsáveis pela tomada de decisão das empresas podem identificar mais facilmente as tendências positivas e negativas de suas ações, compreender a efetividade das

Pensando como um ecossistema

estratégias planejadas e implementadas, fazendo ajustes quando necessário. A partir dessa prática, evita-se a estagnação dos negócios e se possibilita a manutenção de um direcionamento coerente em busca dos objetivos planejados.

É importante, também, ressaltar: a avaliação periódica dos negócios facilita a identificação dos problemas e desafios em seus estágios iniciais. É como uma ação de um médico diagnosticando e tratando uma doença. Quanto mais cedo tivermos consciência das nossas questões de saúde, mais chance teremos de tomar uma atitude que possibilitará a melhora de modo mais rápido e definitivo. Essa mesma ideia pode ser utilizada no ambiente do trabalho. Muitas vezes, certas questões insignificantes à primeira vista, quando ignoradas, podem se agravar. E isso cria obstáculos significativos à evolução dos empreendimentos.

A análise frequente fornece oportunidade para abordar essas questões de maneira proativa, antes que se tornem crises, minimizando os impactos negativos na empresa.

Esse modelo de avaliação periódica também demonstra a importância de decisões serem adotadas a partir de dados reais e informações relevantes. O uso de dados reduz a probabilidade de se cometer erros. A partir de informações precisas, derivadas das avaliações periódicas, é possível criar com mais facilidade metas factíveis, considerando o fato de elas terem sido estipuladas com base no desempenho e nas tendências observadas. Sendo assim, as metas e os objetivos podem ser alcançados com mais facilidade. A gestão será mais eficiente e, consequentemente, muito mais bem-sucedida.

Metas realistas motivam a equipe, pois são percebidas como desafiadoras, porém possíveis de serem alcançadas, impulsionando o comprometimento e a produtividade.

Metas realistas motivam a equipe, pois são percebidas como desafiadoras, porém possíveis de serem alcançadas, impulsionando o comprometimento e a produtividade.

@felipepachecoborges

Pensando como um ecossistema

A busca contínua pela melhoria é uma característica essencial às empresas que desejam prosperar. Contudo, é importante lembrar que a prática da análise contínua não deve se restringir ao âmbito interno das atividades empresariais. Essa ação seria incompleta, porque as análises também são cruciais para manter a transparência e a confiança entre investidores, parceiros e stakeholders.

Relatórios de avaliação precisos e regulares fornecem informações transparentes sobre a saúde financeira e o desempenho geral da empresa, permitindo a qualquer parte interessada obter subsídios para a tomada de decisões, estruturando, assim, as atividades e o envolvimento com a organização.

●●● **Nunca é demais reforçar: o core de hoje não é o core de amanhã. Mas, como empreendedor, como empresa, é preciso analisá-lo no presente para saber como ele deve ser internalizado no futuro no curto, médio e longo prazo. Lembrando sempre: core é o centro do negócio, é a ação, o produto que está gerando mais dividendos, mais lucro para a empresa, aquilo que movimenta mais dinheiro.**

O core é o coração do negócio. Portanto, pergunte-se: qual é o coração do seu negócio? O que lhe dá mais dinheiro hoje?

A resposta a esses questionamentos reforça a importância da "ação" no empreendedorismo. Planejar é importante, mas sem a "ação" nada acontece. Ninguém vive só de planejamento. Esta afirmação é uma verdade incontestável: o planejamento *é* essencial, porém, sem ação, todo o esforço dedicado a traçar metas e estratégias se torna inútil.

A combinação entre planejamento e ação é o que possibilita alcançar objetivos e transformar sonhos em realidade.

CORAGEM E DISPOSIÇÃO

O planejamento é o ponto de partida para qualquer empreendimento ou projeto. É a fase na qual se define o que se deseja atingir, quais recursos são necessários, quais passos devem ser seguidos e quais obstáculos podem ser enfrentados. Nesse sentido, ele é como um mapa, uma bússola que orienta o caminho a ser percorrido. Porém, o planejamento por si só não gera resultados. Ele é apenas o primeiro passo da jornada.

Se ficarmos restritos ao ato de planejar sem colocar em prática as ideias e os objetivos delineados, estaremos fadados à estagnação. É nesse momento que a ação entra em cena como protagonista do processo.

Ela é a força motriz que coloca o planejamento em movimento. É a concretização das ideias, a implementação das estratégias e a superação dos desafios. Os resultados são conquistados por meio da ação, nos leva a errar, mas, também, a ajustar a rota do planejamento quando necessário. Aqui é importante reforçar que não se trata de subestimar a importância do planejamento, mas ressaltar o quanto a inércia é prejudicial.

Há pessoas e organizações que se perdem no excesso de planejamento, adiando constantemente o momento de agir, e tudo pela expectativa de que esteja perfeito. Contudo, a busca pela perfeição pode ser um entrave. A realidade é que nem sempre todas as respostas e condições serão ideais para se prosseguir. Nós só progredimos com o erro, principalmente porque aprendemos fazendo ao longo do percurso.

Pensando como um ecossistema

A ação é o determinante entre o sucesso e o fracasso. É preciso perseverar diante das adversidades. É preciso disciplina para seguir adiante, apesar dos obstáculos. A ação requer **coragem** para enfrentar o desconhecido e **disposição** para assumir riscos calculados. É difícil, mas é fundamental acreditar em si e agir para realizar mudanças e proporcionar a evolução.

Portanto, caso haja incertezas, compreenda de uma vez por todas que o planejamento e a ação são complementares e inseparáveis. Um norteia o caminho, o outro dá vida e concretude. Assim, planejemos com sabedoria, mas saibamos também agir com determinação para construir um futuro de sucesso e realizações. Por planejar muito e agir pouco, as pessoas se perdem no perfeccionismo e passam a vida inteira reclamando da mesma coisa.

A chave para o progresso está na combinação do planejar e do agir. As oportunidades surgem e são maximizadas por meio dessa sinergia.

> **PARA FIXAR: Planejar e agir são dois lados da mesma moeda**
>
> O segundo passo para a implementação do seu ecossistema tem relação com estabelecer a sinergia do seu empreendimento. Para que isso ocorra, é necessário ter um pensamento de ecossistema. Mais do que criar um ecossistema, é preciso pensar como um ecossistema, existir a partir da ideia de comunidade, porque, na prática, os ecossistemas são um modelo de gestão para a criação de conexões entre empresas, pessoas, métodos, filosofias de vida, uma conexão com tudo que tiver sinergia com a empresa, a marca ou o seu jeito de atuar.

A partir desse pressuposto, há uma constate retroalimentação dos sistemas de negócios. Assim, é primordial combinar planejamento com ação para alcançar o sucesso no empreendedorismo e/ou prestação de serviço. O primeiro passo para isso é identificar o núcleo do negócio (como detalhado no capítulo anterior).

A identificação da sinergia é essencial para a prosperidade do empreendimento. E lembre-se de que a criação de ecossistemas não está restrita às grandes empresas. Ela é aplicável a todos os tipos e tamanhos de negócios. Uma das maneiras para se obter êxito nessa jornada é a avaliação periódica do modelo de negócios estabelecido, considerando as dinâmicas mudanças do mercado.

As avaliações regulares possibilitam o monitoramento contínuo do desempenho da empresa, a identificação precoce de problemas, facilitando a adaptação em meio às mudanças do mercado e à tomada de decisões. Essa prática está ligada ao fato de que o core do negócio pode mudar ao longo do tempo; dessa maneira, é imprescindível a análise constante e reavaliação periódica dos modelos de negócios.

A combinação entre o planejamento e a ação é chave para o progresso em qualquer âmbito, seja pessoal, profissional ou empresarial. É preciso agir com determinação e coragem para construir um futuro de sucesso e realização, maximizando as oportunidades que surgem por meio dessa sinergia do planejar e agir.

A chave para o progresso está na combinação do planejar e do agir. As oportunidades surgem e são maximizadas por meio dessa sinergia.

@felipepachecoborges

CAPÍTULO 6

Uma resposta eficiente aos desafios do mundo moderno

A busca incessante pela segurança pode nos limitar e impedir que alcancemos nosso verdadeiro potencial. Mas, ao abraçar a incerteza e a instabilidade, podemos abrir caminho para o crescimento, a inovação e a realização de objetivos como empreendedor.

Espero que, neste ponto da leitura, você já tenha internalizado a ideia de que os ecossistemas de negócios são modelos duradouros e consolidados e os enxergue, agora, de modo tranquilo e seguro. Afinal, eles vieram para ficar. É importante reforçar que esse pensamento é uma realidade na medida em que os ecossistemas promovem, entre outras características, sinergia e colaboração entre empresas e/ou prestadores de serviço, o que gera benefícios mútuos e impulsiona o crescimento econômico de forma sustentável. Essa maneira de existir é uma resposta eficiente aos desafios da era moderna, na qual a interconexão global e a rápida evolução tecnológica demandam novas maneiras de atuação no mercado.

Lembre-se: em um ecossistema de negócios, as empresas deixam de atuar isoladamente e passam a trabalhar como se existissem em uma constelação, compartilhando recursos, conhecimentos e experiências. Essa interação possibilita a criação de soluções inovadoras, a otimização de processos e a redução de custos, o que beneficia as partes envolvidas.

Além disso, o modelo de negócios estabelecido em ecossistemas faz com que as empresas e/ou prestadores de serviço, de diferentes setores e tamanhos, conectem-se mais facilmente, estimulando a diversidade de ideias e proporcionando a complementação de habilidades. Essa diversificação torna os empreendimentos mais resilientes às crises e mais adaptáveis às mudanças do mercado, o que é um cenário favorável ao crescimento, de fato, sustentável.

Além disso, não se deve ignorar a capacidade de inovação dos ecossistemas, uma vez que eles aceleram o desenvolvimento de novos produtos e serviços, pois as empresas e/ou prestadores de serviço estão constantemente compartilhando conhecimentos e tecnologias, unindo forças. A intensidade dessa colaboração favorece a criação de soluções mais alinhadas às necessidades do mercado e às expectativas dos consumidores. Assim, é mais fácil resolver os desafios globais, como a sustentabilidade ambiental e a responsabilidade social corporativa.

Diante de tudo isso, fica claro que a formação dos ecossistemas é uma estratégia essencial à competitividade. Afinal, eles ganham força e corpo a partir das tecnologias emergentes, que proporcionam maior

Uma resposta eficiente aos desafios do mundo moderno

agilidade colaborativa, facilitando o acesso a novos mercados e fortalecendo a relevância das redes empresariais, ou seja, das conexões. Agora, cabe a cada um de nós saber como quer interagir com essa situação. O terceiro passo para a implementação de um ecossistema eficiente está ligado ao entendimento daquilo que produzimos dentro de casa, metaforicamente falando. O que a empresa pode internalizar em sua ação e o que não precisa ser internalizado.

Essa questão já foi tangenciada em capítulos anteriores. É preciso lembrar que neste livro faço um exercício didático ao separar as ações de implementação de um ecossistema para facilitar a assimilação do tema, mas, na realidade, essa divisão se mistura. De certo modo, tudo vai acontecendo ao mesmo tempo.

Quando os papéis estão definidos de modo objetivo, tanto nos negócios já estabelecidos quanto na prestação de serviços, consequentemente surgem duas perguntas muito claras "Nas parcerias e nos negócios realizados, qual é a vantagem para a minha empresa? O que a minha empresa ganha com o que está sendo feito?". É preciso saber com clareza as respostas a essas perguntas.

●●● **É fundamental saber qual é o ganho para a empresa.**

Durante bastante tempo, refleti como essa situação seria definida. Qual seria o elemento concreto que indicasse a vantagem que a empresa estaria levando. Contudo, antes de prosseguir, quero deixar clara a diferenciação entre vantagem comercial e tirar proveito (como ação negativa). Essa diferenciação se faz necessária para evitar más interpretações.

...

A transparência
e a integridade devem
ser os pilares de
qualquer relação
comercial saudável
e bem-sucedida,
seja um ecossistema
ou não.

@felipepachecoborges

ÉTICA E LEGALIDADE

A busca por vantagens em uma transação comercial é prática comum e legítima no mundo dos negócios. É um comportamento encorajado no ambiente empresarial e faz parte da lógica competitiva do mercado. Trata-se de agir de maneira estratégica para alcançar resultados positivos, seja obtendo melhores preços, condições favoráveis ou benefícios adicionais. Essa abordagem está baseada na busca por um equilíbrio justo entre as partes envolvidas na negociação, de modo que quem estiver envolvido nas transações pode obter ganhos e atingir seus objetivos de forma satisfatória.

No entanto, é importante que a busca por vantagens seja pautada na ética e na legalidade, respeitando os direitos e interesses das partes envolvidas na relação. Nesse sentido, tirar proveito negativo de uma transação comercial é prática desleal e antiética que visa prejudicar ou explorar a outra parte, muitas vezes agindo de maneira enganosa, manipuladora ou até mesmo ilegal. Isso inclui ações como ocultar informações, induzir ao erro, impor condições abusivas, sonegar dados ou desrespeitar acordos preestabelecidos. Atitudes completamente antiecossistema.

Enquanto a busca por vantagens estabelece uma relação de ganha-ganha em que ambas as partes saem beneficiadas, ao se tirar proveito, enseja-se uma atitude egoísta e predatória, que apenas vai atrás do benefício próprio em detrimento dos outros.

No âmbito da ética empresarial e das boas práticas comerciais, é fundamental que as transações sejam conduzidas com transparência, honestidade e respeito mútuo.

Uma abordagem baseada em vantagens justas e em benefícios compartilhados contribui para a construção de relacionamentos comerciais sólidos e duradouros, favorecendo o crescimento sustentável e o desenvolvimento mútuo. A transparência e a integridade devem ser os pilares de qualquer relação comercial saudável e bem-sucedida, seja um ecossistema ou não. É impossível estabelecer qualquer relação positiva quando o que se busca são vantagens unilaterais.

●●● **Esclarecido esse ponto, pergunto: como se pode ter um elemento concreto para avaliar se a empresa e/ou o prestador de serviço está levando vantagem?**

Essa situação fica um pouco mais fácil de ser compreendida quando a vantagem é econômica. Afinal, é mais simples entender o conceito de vantagem quando ele está atrelado a um montante específico, pago pela aquisição de um produto ou serviço. Mas e quando essa percepção de valor financeiro não é tão clara? Quais são os elementos que podem ser usados para reverter essa circunstância? Para mim, são dois: autoridade e notoriedade.

TORNAR-SE CONHECIDO

Quando se trata de autoridade, a pergunta a ser feita é: "Ao fazer aquele negócio, ao travar aquela parceria ou sociedade, eu adquiro autoridade para o meu negócio? A parceria trará autoridade para o meu negócio?".

A saber, autoridade é um substantivo feminino que, basicamente, pode ser definido de duas maneiras, como poder e controle ou como conhecimento especializado.

No âmbito da ética
empresarial e das boas
práticas comerciais,
é fundamental
que as transações
sejam conduzidas
com transparência,
honestidade e
respeito mútuo.

@felipepachecoborges

Em seu sentido de poder e controle, autoridade refere-se ao poder ou direito de exercer controle, tomar decisões e impor ordens a outros indivíduos ou algum grupo. Essa autoridade é frequentemente derivada de posições de liderança, cargos ou hierarquias estabelecidas em organizações, governos ou instituições. Ou seja, um gerente ou diretor, por exemplo, detém autoridade sobre seus subordinados no ambiente do trabalho, enquanto um governo tem autoridade para governar e aplicar leis em um país, em um estado ou em um município.

Já autoridade, como conhecimento especializado, refere-se a uma qualidade atribuída a indivíduos ou instituições que possuem saberes ou habilidades específicas em determinado campo do saber ou do fazer. Essa autoridade está baseada na competência, na experiência ou no reconhecimento social dessa habilidade. Um professor, por exemplo, é uma autoridade em sua área de ensino devido ao seu conhecimento especializado.

Os dois sentidos de sua definição remetem a um papel importante na sociedade. A autoridade de controle pode fornecer ordem e direção em várias estruturas organizacionais, enquanto a autoridade baseada em conhecimento pode guiar a tomada de decisões informadas e oferecer orientação em áreas de especialização. É fundamental, contudo, lembrar-se de que, seja como for, o exercício da autoridade deve existir de maneira responsável e ética, buscando o bem comum e o benefício daqueles sobre os quais ela é aplicada.

No caso da autoridade em uma parceria de negócios, ela está mais vinculada ao sentido do conhecimento específico. Ou seja, qual a sensação gerada no meu público de relacionamento quanto à competência ou saber que a empresa e/ou o fornecedor de serviço tem sobre o assunto em questão.

Mas é possível que a parceria planejada não traga autoridade. As pessoas não vão pensar que eu sou melhor ou que tenho um conhecimento muito grande sobre determinado assunto se eu fizer essa parceria. Nesse caso, vamos para o segundo elemento, a notoriedade; e assim como eu fiz ao lembrar do significado de autoridade, vale a pena rememorarmos o significado de notoriedade.

Notoriedade refere-se ao estado ou à condição de ser amplamente conhecido, famoso ou bem reconhecido em determinado campo, setor ou na sociedade em geral. Quando uma pessoa, marca, empresa ou evento alcança notoriedade, ela se torna amplamente visível e destacada, geralmente por suas realizações, talentos, habilidades, contribuições ou pela extensão de sua presença pública.

A notoriedade pode ser conquistada por diversos meios, como excelência em um campo específico, sucesso em empreendimentos, participação em eventos de grande relevância, publicidade e marketing efetivos, participação em projetos de impacto social, entre outros. É um conceito intimamente ligado à fama e à reputação. No entanto, é importante destacar que a notoriedade pode ser tanto positiva quanto negativa.

Enquanto algumas pessoas ou marcas alcançam notoriedade por suas conquistas e contribuições positivas à sociedade, outras podem se tornar notórias por comportamentos controversos, escândalos ou ações questionáveis.

A notoriedade desempenha papel significativo em áreas como entretenimento, negócios, esportes, política e mídia. Ela pode trazer diversos benefícios, como maior visibilidade para uma causa, reconhecimento profissional, oportunidades de negócios, entre outros. Por outro lado, também pode atrair maior escrutínio público e exigir maior responsabilidade por parte daqueles que a possuem.

●●● **A notoriedade é um estado de destaque e reconhecimento público, seja por motivos positivos ou negativos, e pode influenciar significativamente a percepção e o impacto de uma pessoa, marca ou evento na sociedade.**

Às vezes, fazemos parcerias que não são feitas para gerar autoridade, mas sim para capilarizar, para espalhar alguma mensagem, mesmo que ela não tenha autoridade. Ela foi elaborada apenas para a empresa e/ou o prestador de serviço tornar-se conhecido de alguma maneira. É esse o ponto da notoriedade que quero destacar, a princípio.

PARCERIA IMBATÍVEL

Em tempos de rede social, muitas empresas buscam influenciadores para conquistar a tal notoriedade. Esses profissionais se tornaram peças-chave na estratégia de marketing das empresas para gerar notoriedade e aumentar a visibilidade porque eles têm um grande número de seguidores e uma audiência engajada em plataformas como Instagram, YouTube, TikTok. Com isso, alcançam audiência, falam com um público segmentado, têm a chance de criar um conteúdo autêntico e diferenciado. No entanto, apesar dos benefícios evidentes, é importante salientar que as empresas precisam selecionar cuidadosamente esses profissionais, pois a imagem deles será associada à das empresas, das marcas, dos serviços oferecidos. Assim, é fundamental que o influenciador esteja alinhado aos valores e à imagem da marca para garantir uma parceria autêntica e bem-sucedida.

Às vezes, fazemos parcerias que não são feitas para gerar autoridade, mas sim para capilarizar, para espalhar alguma mensagem, mesmo que ela não tenha autoridade.

@felipepachecoborges

E quais são as parcerias imbatíveis? As que reúnem os dois elementos: autoridade e notoriedade.

Quando se tem a autoridade e notoriedade no mesmo lugar, a empresa e/ou prestador de serviço passa uma imagem de segurança e credibilidade ao seu público. Ou seja, quando uma mensagem é capilarizada, quando é distribuída com notoriedade e autoridade, ela ganha força, consolidando a imagem da empresa e/ou do prestador de serviço.

Para entender como sua autoridade pode gerar também notoriedade, olhe para o seu repertório. *O que a sua empresa fez até então? O que já foi promovido de suas qualidades? Quais estratégias já foram utilizadas e deram certo?* É preciso se conhecer, olhar para si para encontrar essas respostas.

Muitas vezes, a empresa e/ou o prestador de serviço tenta se encaixar em uma estrutura que não é a sua. Como dizem os americanos, *try to fit in*. Essa acomodação forçada quase nunca traz resultados positivos.

Adaptar a empresa e/ou a prestação de serviço às amizades é uma das fórmulas de insucesso. As parcerias têm de ser harmônicas, fazer sentido. Os modelos de negócio ou o modo de trabalhar têm de se encaixar com naturalidade.

●●● **As parcerias empresariais ou a contratação de serviços não precisam estar vinculadas às suas amizades ou a uma parte exclusiva do seu networking. O networking de qualquer empresa e/ou do prestador de serviço vai gerar negócios, e esse é um dos princípios de se estabelecer o ecossistema como modelo de gestão.**

RISCO CALCULADO

Ao nos tornarmos empreendedores, somos levados a acreditar que a estabilidade é o caminho do sucesso. Entretanto, algumas crenças do passado sobre o ecossistema de negócios se tornaram mitos no cenário atual. Já derrubamos alguns desses mitos aqui. Vimos que não basta oferecer um bom produto ou serviço sem estabelecer notoriedade, que o ecossistema de negócios não é exclusivo para grandes empresas e que mesmo a inovação não garante o sucesso absoluto.

É imprescindível lembrar-se de que grandes empreendedores muitas vezes enfrentaram fracassos e adversidades ao longo de suas trajetórias. Diversas histórias inspiradoras relatadas em livros e pela imprensa destacam a perseverança como a chave para alcançar o sucesso. Walt Disney, antes de criar o seu império, enfrentou demissões e falências. Steve Jobs foi afastado da própria empresa e teve empreendimentos malsucedidos. O fundador do KFC, o coronel Harland Sanders, enfrentou rejeições e dificuldades antes de criar a sua bem-sucedida franquia. Elon Musk também experimentou fracassos antes de revolucionar indústrias inteiras. Esses empreendedores de sucesso compreenderam que o risco faz parte do jogo e que a perseverança e a busca constante por inovação são maneiras inquestionáveis de se alcançar sucesso duradouro. O fracasso, para eles, foi uma oportunidade de aprendizado e posterior crescimento. Foi o combustível que os impulsionou no caminho do sucesso.

Embora a estabilidade financeira seja uma preocupação importante e válida, é possível encontrar equilíbrio entre a busca pela segurança e a disposição para correr riscos calculados. Diversificar as fontes de renda, planejar com cuidado, investir em aprendizado e estar atento às oportunidades de crescimento são estratégias que minimizam os riscos associados ao empreendedorismo.

É fundamental questionar a crença de que a estabilidade é o único caminho para o sucesso no empreendedorismo. A busca incessante pela segurança pode limitar e impedir que alcancemos nosso verdadeiro potencial. Mas, ao abraçar a incerteza e a instabilidade, podemos abrir caminho para o crescimento, a inovação e a realização dos objetivos como empreendedor.

O sucesso no empreendedorismo requer coragem, determinação e disposição de enfrentar desafios com ousadia e criatividade. O empreendedor que aprende com os fracassos adapta-se ao ambiente em constante mudança e mantém a sua visão de longo prazo, construindo, assim, um contexto com maiores chances para prosperar.

Planejar é importante, mas é a ação corajosa e persistente que torna os sonhos realidade no mundo dos negócios.

●●● O sucesso não é garantido, mas é possível transformar desafios em oportunidades e fracassos em experiências que impulsionam o crescimento. Ao equilibrar planejamento e ação, os empreendedores abrem portas para a concretização de seus objetivos, superando as adversidades com tenacidade e visão.

É na busca contínua por inovação e na disposição para enfrentar riscos que o empreendedorismo encontra seu verdadeiro propósito e potencial.

PARA FIXAR: Uma resposta eficiente às demandas da nossa era

Os ecossistemas, como modelos de negócio, vieram para ficar. Eles promovem sinergia e colaboração entre empresas e/ou prestadores de serviço e são uma resposta eficiente aos desafios da era moderna, na qual a interconexão global e a rápida evolução tecnológica demandam novas formas de atuação no mercado.

No ecossistema de negócios, as empresas deixam de atuar isoladamente e trabalham como uma constelação, compartilhando recursos, conhecimentos e experiências. Isso possibilita a criação de soluções inovadoras, otimização de processos e redução de custos, beneficiando todas as partes envolvidas.

O modelo de negócios em ecossistemas permite que empresas e/ou prestadores de serviço de diferentes setores e tamanhos se conectem mais facilmente, estimulando a diversidade de ideias e tornando os empreendimentos mais resilientes às crises e mudanças do mercado.

Além disso, eles impulsionam a capacidade de inovação, acelerando o desenvolvimento de novos produtos e serviços por meio do compartilhamento de conhecimentos e tecnologias. Essa colaboração favorece a criação de soluções alinhadas às necessidades do mercado e à responsabilidade social corporativa.

Para ter sucesso em uma parceria comercial, é importante buscar vantagens de maneira ética e legal, agindo estrategicamente para alcançar resultados positivos. É preciso sempre se lembrar da importância da autoridade e notoriedade na tomada de decisões de parcerias comerciais.

A autoridade está relacionada ao conhecimento especializado da empresa e/ou prestador de serviço em determinado campo, enquanto a notoriedade refere-se à ampla visibilidade e reconhecimento público.

Os ecossistemas de negócios são uma estratégia essencial à competitividade por meio de ações inovadores com equilíbrio entre planejamento e uma ação corajosa e persistente. Esses são alguns dos elementos que tornam os ecossistemas uma resposta eficiente aos desafios de nossa era.

Planejar é importante, mas é a ação corajosa e persistente que torna os sonhos realidade no mundo dos negócios.

@felipepachecoborges

CAPÍTULO 7

A importância de saber contar histórias

As empresas estabelecem um laço afetivo ao abordar questões universais como superação, amor, esperança ou humor, o que pode se traduzir em maior fidelidade e engajamento.

Ao longo dos três últimos capítulos, observamos a importância de identificar o núcleo do negócio. Entendemos que para isso é preciso saber qual sensação a empresa e/ou a prestação de serviço provoca no cliente, fato ligado à percepção de nossa atuação. Entendemos, ainda, que é necessário haver sinergia entre parceiros, corporações, pessoas, público de relacionamento etc. Percebemos, também, a importância de compreender aquilo que podemos fazer (internalização da ação) ou o que devemos terceirizar como ação.

Todas essas atividades são fundamentais para se construir um ecossistema de negócios.

Agora é a hora de se concentrar em como colocar em prática essas questões, definindo o funcionamento dos ecossistemas. Mas aqui não vamos encontrar uma fórmula pronta, uma receita de bolo. Reservei este capítulo para refletirmos sobre algo fundamental à existência positiva e factível do ecossistema.

Por incrível que pareça, a força motriz para conectar todos os elementos e as partes de uma empresa e/ou prestação de serviço (e fazer um ecossistema acontecer) está na habilidade que temos de **contar histórias**. Isso mesmo. Você leu corretamente.

A capacidade humana de contar histórias é uma força propulsora à criação dos ecossistemas. É como se as histórias dessem a "liga", fizessem a conexão adequada para as relações funcionarem, para os eventos acontecerem, para fazer os produtos serem vendidos, e os trabalhos, realizados.

A ARTE DE CONTAR HISTÓRIAS

O hábito milenar dos seres humanos de contar histórias ganhou novos contornos, adjetivos e substantivos nos tempos modernos. Hoje, o mercado corporativo fala sobre esse tema sob a alcunha de storytelling. A palavra é uma combinação, em inglês, de *story*, que significa "história", e *telling*, o verbo *to tell* conjugado no particípio para indicar a ação do que traduziríamos, em português, para "contar" ou "narrar". A palavra storytelling foi adotada como um conceito específico relacionado à arte de contar histórias de maneira envolvente e persuasiva, com o objetivo de atrair e cativar o público. Nesse sentido, a técnica do storytelling é cada vez mais valorizada como uma maneira eficaz de comunicação,

A importância de saber contar histórias

não apenas para entreter audiências, mas para transmitir ideias, valores e mensagens de modo memorável.

●●● **Quem está interessado em construir um ecossistema deve compreender como a técnica do storytelling é uma ferramenta fundamental às ações tomadas na vida, sejam empresariais ou pessoais. Uma história bem contada, com originalidade, veracidade e pertinência contextual, faz a diferença para o sucesso de um empreendimento e/ou prestação de serviço.**

Há séculos, estamos familiarizados com o poder de transmitir mensagens. Contar, criar histórias e ouvi-las é uma prática intrínseca à existência humana, é parte da essência de quem somos. Boas histórias reúnem famílias, amigos, capturam a atenção e ressignificam experiências. As histórias despertam fascínio porque, além de estimularem a nossa imaginação, estão conectadas às nossas lembranças sobre determinados assuntos ou situações.

Os profissionais da publicidade e propaganda e do marketing compreenderam a importância e relevância do storytelling como uma poderosa ferramenta para o seu ofício e o utilizam com maestria há algumas décadas. Esse recurso, porém, não precisa ser de uso exclusivo dessa área. Na verdade, está disponível a todos os interessados; basta dominar algumas das suas regras básicas que você também estará apto a usá-lo e beneficiar-se dele.

Primeiro, deve-se assimilar que a técnica do storytelling transcende a simples narração de eventos. Ela cria conexões emocionais, desperta empatia e interesse genuíno pela mensagem transmitida.

●●●

A capacidade humana de contar histórias é uma força propulsora à criação dos ecossistemas.

@felipepachecoborges

A importância de saber contar histórias

Desde o seu início, uma boa história capta a atenção de quem a ouve, ou lê, estabelecendo, assim, um elo substancial entre aquilo que as teorias da comunicação definem como emissor e receptor ou, de forma menos acadêmica, narrador e ouvinte (quem fala e quem escuta, como se diz pelas ruas). Essa relação é firmada porque o nosso cérebro é naturalmente atraído por narrativas, já que somos seres inerentemente sociais e aprendemos melhor por meio de exemplos e do compartilhamento de experiências, como nos indica o psicólogo canadense Albert Bandura em seus estudos de formação da psicologia cognitiva.[14]

Nesse sentido, um dos elementos fundamentais do storytelling é a presença de personagens cativantes nas histórias elaboradas. Eles dão vida à narrativa, gerando identificação com o público (suas experiências e emoções). A presença dos conflitos e desafios enfrentados por esses personagens impulsiona a trama e desperta o interesse das pessoas em acompanhar a história até a sua resolução. Assim, as narrativas seguem uma estrutura clássica de início, meio e fim, em que os personagens superam obstáculos e evoluem ao longo da jornada.

Essa estrutura é pensada para a criação das histórias em si. No caso das empresas, o que conta são os processos tomados para a existência dos negócios, para o estabelecimento das parcerias, descobertas e usos de algum serviço. É uma narrativa elaborada com o objetivo de humanizar as situações. Ao contar histórias que abordem questões universais como superação, amor, esperança ou humor, as empresas estabelecem um laço afetivo com o público, o que pode se traduzir em maior fidelidade e engajamento.

---

[14] ENTENDA a teoria da aprendizagem social. **Revista Educação**, 18 jan. 2021. Disponível em: https://revistaeducacao.com.br/2021/01/18/aprendizagem-social-al/. Acesso em: 23 dez. 2023.

Ao contar histórias que abordem questões universais como superação, amor, esperança ou humor, as empresas estabelecem um laço afetivo com o público, o que pode se traduzir em maior fidelidade e engajamento.

@felipepachecoborges

A importância de saber contar histórias

> • • •
>
> **Elementos centrais para storytelling**
>
> **Narrativa:** uma história bem estruturada (com início, meio e fim) cativa e mantém o interesse do público.
>
> **Personagens:** quando são interessantes e bem desenvolvidos para o público (cliente) geram identificação e simpatia.
>
> **Conflito e solução:** a mensagem é conduzida por um desafio ou conflito, seguido de uma resolução.
>
> **Emoção:** as histórias evocam emoções (empatia, alegria, tristeza, esperança, excitação), tornando o conteúdo memorável.
>
> **Mensagem:** a história deve transmitir a mensagem específica que se deseja comunicar.
>
> • • •

Nos tempos atuais, o storytelling proporciona maior impacto à comunicação. As histórias conferem sentido a tudo o que um dia já foi vivido. Utilizar essa técnica nas empresas, prestação de serviço ou marca atribui um significado original e interessante.

Líderes que sabem articular as suas visões e os seus valores por meio de histórias bem contadas são capazes de criar um ambiente de trabalho mais coeso e colaborativo. A habilidade de compartilhar experiências pessoais e jornadas de superação permite que as pessoas se conectem e percebam que as suas lutas e conquistas são parte de um processo humano comum. Esse entendimento, no âmbito do desenvolvimento pessoal e da liderança, é absolutamente eficaz para inspirar e motivar as pessoas.

Lembre-se: ao valorizar e aprimorar a prática secular de contar histórias, fortalecemos os laços sociais e emocionais, tornando a nossa comunicação mais autêntica, envolvente e, acima de tudo, humanizada e humanizadora.

EXERCÍCIO DO PORQUÊ

Ao longo do século XX, um pouco antes talvez, pessoas e empresas se acostumaram a fazer negócios e parcerias sem criar histórias. Isso foi possível porque há uns trinta, quarenta anos, a força das marcas por si só era suficiente para atrair e capturar a atenção. Se a marca era forte, ela se juntava nas peças de comunicação a outras marcas fortes para anunciar algo, informar alguma parceria. Aquela união de forças era suficiente para fazer as coisas acontecerem, porque a consciência do consumo era vinculada à marca mais forte. Por isso, a união de duas marcas fortes era algo extraordinário.

Hoje, contudo, esse cenário mudou. Quando as pessoas observam o relacionamento entre as empresas, entre as marcas, elas não fazem mais um exercício de mera soma. Elas fazem o "exercício do porquê".

- Por que essas marcas estão juntas?
- Por que esses produtos estão associados?
- Por que essas prestações de serviço são úteis?

São questionamentos que sempre surgem quando vemos a parceria das empresas, seus produtos ou serviços. A sociedade demanda um entendimento mais preciso e detalhado dos motivos que levaram à união, à formação da parceria.

Esse porquê nada mais é do que se perguntar qual é a história dessa junção. Qual é esse storytelling? E, não se engane, essa pergunta está direcionada a qualquer setor produtivo, a qualquer tamanho de empresa e/ou prestação de serviço.

Caso você seja o dono de um pequeno salão de beleza e tenha feito uma parceria com alguma loja de cosmético local de sua cidade, os seus clientes vão querer saber o que o motivou a firmar essa união. Qual a natureza do relacionamento de vocês? Qual é a história, de fato. Caso os seus clientes considerem a sua resposta insatisfatória, incoerente ou incompleta, tenha a certeza de que essa parceria será um tiro n'água. Ela até pode gerar alguma marola, mas que vai desparecer, sem resultados efetivos, em pouco tempo.

Algumas pequenas empresas caem facilmente na armadilha do caminho mais curto ou preguiçoso. Aquela história de "vamos fazer uma parceria para trocarmos clientes" (eu lhe mando os meus; você me manda os seus, e vamos ganhar dinheiro juntos) não funciona. É uma tragédia anunciada, sobretudo porque atualmente as pessoas esperam que uma história seja contada para ter uma conexão de sentimentos, para gerar identificação, compartilhar uma superação.

As parcerias ganham sentido e força quando há identificação. Quais são as histórias que você conta sobre as relações comerciais que possui?

O GRANDE IMPERADOR

Ao longo do Ensino Médio, fui aficionado pelas aulas de História e, entre tantos personagens importantes e eventos relevantes que tive a chance de conhecer, um homem, em particular, capturou a minha atenção. Fui, ou melhor, ainda sou, completamente obcecado pela vida de Alexandre, o Grande.

As parcerias ganham sentido e força quando há identificação.

@felipepachecoborges

A importância de saber contar histórias

Conhecido como Alexandre III da Macedônia, Alexandre, o Grande, foi um dos mais famosos conquistadores da história antiga. Ele nasceu em 356 a.C., em Pela, antiga capital do Reino da Macedônia, que, nos dias atuais corresponde a parte da Grécia, no sudeste da Europa.

Filho do rei Filipe II da Macedônia e da rainha Olímpia, Alexandre, desde jovem, recebeu educação privilegiada, tendo como preceptor uma das referências do conhecimento humano, o filósofo grego Aristóteles. Esse fato foi decisivo para a constituição da sua visão de mundo e modo de governar. Ele foi considerado um brilhante estrategista e militar, cuja ambição foi levar o seu Império o mais distante que conseguisse chegar. Essa motivação fez com que, durante o período de seu reinado (336 a.C. a 323 a.C.), ele liderasse diversas campanhas militares que o levaram a conquistar vastos territórios no correspondente hoje à Europa, Ásia e África. O seu Império incluiu territórios da Macedônia, Grécia, Pérsia, Egito, Babilônia e Índia; e as suas campanhas militares foram marcadas por inúmeras vitórias e batalhas lendárias.

Conhecido por sua habilidade como líder, ele inspirou seus soldados com o seu carisma e coragem. A sua liderança não era figurativa, pois se mantinha à frente das tropas, compartilhando os riscos e as dificuldades enfrentados por seus comandados nas lutas travadas contra os inimigos. Assim, ele se tornou um guerreiro cultuado e venerado.

Alexandre, o Grande tinha um ritual imbatível em suas ações, que deveria ser copiado e utilizado por qualquer empresa ainda hoje.

Antigamente, reis, imperadores, césares, generais conquistavam territórios por meio de batalhas sangrentas e, como em um ato contínuo, aniquilavam a cultura do povo derrotado. Para dizer o mínimo, a história de quem perdia os confrontos era queimada. Alexandre fazia diferente. Uma vez que tivesse certeza de seu domínio sobre o território invadido, ele procurava compreender a cultura e o costume daquele povo. Ele partia de um princípio educacional: o que aquela organização social teria a ensiná-lo?

Absorvia o que eles tinham de melhor, e aquilo considerado por ele como relevante era utilizado em seus domínios. Aquela ação era completamente inusitada, inovadora. Essa prática possibilitou a consolidação da vastidão das fronteiras dos seus territórios. Ele mantinha o controle político e militar das localidades e preservava traços culturais locais que poderiam fazer a diferença para aqueles povos, que contribuíam positivamente para a existência e relação das pessoas. Esse comportamento é vital para o universo corporativo.

CHOQUE DE CULTURA

O que é feito quando parcerias de negócios são estabelecidas? Quando construímos ecossistemas de negócios? Quando criamos braços de negócio? A resposta é até simples: temos um choque de cultura, porque, geralmente as parcerias e os ecossistemas são feitos com empresas e/ou pessoas que têm culturas diferentes.

É preciso entender que, sim, as empresas podem fazer parcerias com outros empreendimentos com hábitos culturais diferentes. Entretanto, quando isso ocorre, é preciso respeitar as distinções e assimilá-las da melhor maneira possível para fortalecer o trabalho. Contudo, é importante lembrar que as parcerias não devem ser feitas com empresas que têm valores distintos. Os valores não são moeda de troca, não são negociáveis. Eles têm relação com quem você é, e mudá-los pode resultar em perda de identidade. Por isso, é importante perguntar-se: Quais são os aspectos da cultura da empresa com a qual estou me relacionando? Quais desses aspectos vou somar ao meu negócio e quais vou deletar?

É superimportante olharmos para o choque de cultura como algo positivo.

O legado de Alexandre, o Grande é inegável e deveria, sim, ser mais estudado, mais conhecido. O seu modo de pensar ainda é revolucionário e atual, muito menos por suas extraordinárias conquistas militares, e muito mais por seu interesse na disseminação da cultura grega, assim como pela fusão das tradições orientais e ocidentais promovidas por ele. Durante o seu reinado, várias cidades que fundou receberam o nome de Alexandria, em sua homenagem, e se tornaram importantes centros de ensino e cultura, contribuindo para a disseminação do conhecimento.

As suas conquistas e exploração de terras longínquas abriram caminhos para novos encontros culturais e comerciais, disseminaram o conhecimento e influenciaram civilizações por séculos. Não à toa, ele é considerado um dos maiores líderes militares da história da humanidade e um hábil político. Ainda hoje, temos muito a aprender com ele.

COOPERAÇÃO

Fusão e aquisição (M&A, *Mergers and Acquisitions*, em inglês) são termos que se referem aos processos nos quais empresas se combinam ou uma empresa adquire o controle da outra. Essas operações têm por objetivo criar sinergias, aumentar a eficiência, expandir os negócios e obter vantagens competitivas.

Uma fusão ocorre quando duas ou mais empresas independentes decidem se unir para formar uma única organização. Nesse processo, as companhias originais deixam de existir como entidades separadas e uma nova empresa é criada para absorver os ativos, os passivos, os recursos humanos e as operações dos empreendimentos fundidos. Em geral, as partes envolvidas na fusão são de tamanho e importância similares, e a operação ocorre de maneira amigável e consentida.

Já uma aquisição acontece quando uma empresa, chamada de adquirente, compra o controle de outra (entendida como empresa-alvo). Nesse caso, a empresa-alvo pode continuar a existir como uma entidade separada, mas passa a ser controlada pela adquirente. A aquisição pode ser realizada amigavelmente, quando ambas as partes concordam com a operação, ou de maneira hostil, quando a adquirente obtém as ações da empresa-alvo no mercado aberto para tomar o controle, mesmo contra a vontade dos acionistas ou da administração da empresa-alvo.

Independentemente do modelo adotado, tanto as fusões quanto as aquisições são ações complexas que envolvem análises detalhadas dos aspectos financeiros, legais e estratégicos das partes envolvidas. Por isso, é comum a participação de consultores especializados, advogados e instituições financeiras para conduzir e assegurar o sucesso dessas operações, porque elas desencadeiam transformações profundas tanto no aspecto econômico quanto social.

O impacto dessas operações é amplo e complexo, requerendo uma análise criteriosa para compreender os seus efeitos. Sim, a consolidação de empresas pode levar à criação de sinergias operacionais, permitindo a redução de custos, otimização de processos e maximização de recursos compartilhados, aumentando, assim, a eficiência e a produtividade dos empreendimentos, mas essa prática é distinta à formação dos ecossistemas de negócios. A importância de trazer tal tópico neste capítulo é demonstrar como as histórias dessas ações, o seu storytelling, levam a uma determinada percepção dos contextos sociais.

É superimportante
olharmos para
o choque de cultura
como algo positivo.

@felipepachecoborges

A criação de ecossistemas de negócios é uma estratégia que busca estabelecer colaborações e parcerias entre empresas e outras entidades, por exemplo, fornecedores, clientes, startups e institutos de pesquisa. Esses ecossistemas visam criar uma rede interconectada de entidades que se beneficiam mutuamente, compartilhando recursos, conhecimentos e experiências. Essa colaboração acarreta um ambiente mais propício à inovação, ao compartilhamento de melhores práticas e à identificação de novas oportunidades de negócio.

●●● **Diferentemente das M&A, os ecossistemas de negócios são construídos com base na cooperação e na troca de valor, em vez da aquisição de controle sobre outras empresas. Essa abordagem cria um ambiente mais dinâmico e adaptável, pois permite que as empresas se mantenham flexíveis e se concentrem em suas competências principais enquanto buscam complementaridades por meio da colaboração.**

Tanto as fusões e aquisições quanto a criação de ecossistemas de negócios são abordagens válidas para o crescimento e diversificação empresarial. Cada uma apresenta vantagens e desafios específicos, e a escolha entre as duas estratégias depende do contexto, dos objetivos planejados e das dinâmicas do mercado. No cenário empresarial atual, a flexibilidade para adaptar-se e combinar as abordagens pode ser essencial para o sucesso e sustentabilidade a longo prazo das empresas. Mas, independentemente, o que vai garantir o sucesso desses processos será a técnica do storytelling, como pode se verificar em cases referenciais no mercado, a exemplo do trabalho do Airbnb, ao criar uma de suas principais campanhas de marketing, "Live There", enfatizando a singularidade e originalidade de se hospedar em um local absolutamente distinto aos quartos oferecidos pelos hotéis e pousadas.

A mensagem comunicada com a ação estava relacionada à ideia de que as pessoas, ao optarem por uma hospedagem intermediada pelo Airbnb, seriam muto mais do que turistas nas localidades em que estivessem visitando. O fato de ficarem em casas e apartamentos possibilitaria a elas viver a experiência dos moradores daquela localidade. Incentivadas pela comunicação efetiva da mensagem, as pessoas desejaram viver aquela experiência que se apresentava como algo novo, e o Airbnb teve uma grande procura.

Outro exemplo de storytelling considerado bem-sucedido por profissionais de marketing e propaganda é o que foi elaborado pela Dove em sua campanha "Real Beauty", que ressalta a beleza real das mulheres. A marca foi certeira em seu propósito. Ela procurou reconhecer que, sim, todas as mulheres, independentemente de idade, etnia, ou qualquer outra de suas característcas, deve ser valorizada por aquilo que é.

> ● ● ●
>
> **PARA FIXAR: somos atraídos pelas narrativas**
>
> O storytelling é a força motriz para conectar elementos e partes de uma empresa ou prestação de serviço, tornando as relações funcionais e atraindo clientes. Essa técnica de contar histórias transmite, com mais efetividade, ideias, valores e mensagens de maneira memorável. O poder de uma história bem contada, com originalidade, veracidade e relevância contextual, é crucial para o sucesso de um empreendimento,

porque histórias despertam fascínio, estimulam a imaginação e estão conectadas às nossas lembranças.

Contar e criar histórias faz parte da essência humana, reúne pessoas, captura a atenção e dá novos significados às experiências. Profissionais de marketing e publicidade têm usado o storytelling com maestria, e dominar suas regras básicas é essencial. Essa técnica transcende a mera narração de eventos, criando conexões emocionais e despertando empatia e interesse genuíno nas mensagens transmitidas. O cérebro humano é naturalmente atraído por narrativas, o que torna o storytelling uma ferramenta poderosa de comunicação e aprendizado.

O storytelling é
a força motriz para
conectar elementos
e partes de uma
empresa ou prestação
de serviço, tornando
as relações funcionais
e atraindo clientes.

@felipepachecoborges

CAPÍTULO 8

Todo mundo quer aparecer, mas a que custo?

Construir conexões autênticas e aliá-las a um conteúdo de valor é a chave para lidar de maneira construtiva com a disputa pela atenção e fortalecer os relacionamentos em um mundo cada vez mais digitalizado.

Neste capítulo, vamos refletir sobre um tema de que gosto muito: a importância e formulação da "tensão e histeria de marca". Essa expressão, apesar de, pelo senso comum, remeter a significados negativos, deve ser compreendida para que seja possível elaborar os ecossistemas de negócios. Alguns ecossistemas, aliás, só conseguem existir a partir dela.

A sociedade contemporânea vive em um mundo repleto de estímulos e informações, em que a disputa pela atenção se tornou uma realidade inescapável. Com o avanço tecnológico e a proliferação das mídias sociais, os usuários são constantemente estimulados por um mar de conteúdos, imagens e mensagens que buscam capturar a atenção. Nesse cenário, batalhar para se destacar e ser reconhecido tornou-se uma das principais características da vida moderna.

A era digital trouxe a democratização da informação, permitindo que qualquer pessoa possa criar e compartilhar conteúdos com facilidade. No entanto, essa facilidade de acesso à informação também levou ao surgimento de um excesso de dados, resultando em uma sobrecarga de conteúdo para o indivíduo.

Diante dessa grande oferta de conteúdo e de informações, as pessoas sentem-se impelidas a competir pela atenção do público, buscando maneiras cada vez mais criativas e impactantes para se destacar. Nessa dinâmica, reside a origem da tensão e da histeria de marca. Tensão no sentido da superexposição a dados e a informações; e histeria como consequência do uso desses dados e dessas informações.

Hoje, todo mundo disputa a atenção de todo mundo.

As redes sociais desempenham papel fundamental nessa disputa por atenção. Facebook, Instagram, X (Twitter) e TikTok são verdadeiros palcos onde pessoas buscam aprovação, validação e reconhecimento social. O número de likes, compartilhamentos e seguidores são uma espécie de moeda de troca na procura por status e relevância. Nesse ambiente virtual, a competição é acirrada, e muitos indivíduos acabam se sentindo pressionados a criar uma imagem idealizada de si para obter a maior e mais rápida atenção e aprovação.

Além disso, o avanço das ferramentas e sofisticação do marketing digital acelera essa disputa. Empresas e marcas investem recursos significativos em estratégias de publicidade e promoção para conquistar o público com o qual se relaciona. A concorrência é feroz, e as campanhas precisam ser cada vez mais criativas e persuasivas para se destacarem em meio a tantas mensagens comerciais de boa qualidade.

A busca incessante por atenção tem impactos tanto individuais quanto sociais. No âmbito pessoal, a constante exposição a conteúdos atrativos e estimulantes pode levar ao vício em tecnologia e à diminuição da capacidade de concentração. A dispersão tem se tornado um grande ponto de atenção social.[15] Além disso, a busca desenfreada por validação social impacta na autoestima e pode acarretar ansiedade, especialmente entre os mais jovens.

A professora de Psiquiatria e Medicina de Adicção na Escola de Medicina da Universidade Stanford e chefe da Clínica de Medicina de Adicção de Duplo Diagnóstico de Stanford, dra. Anna Lembke, tem diversos estudos sobre essa questão. Autora best-seller premiada, em uma das suas publicações, *Nação dopamina: por que o excesso de prazer está nos deixando infelizes e o que podemos fazer para mudar,*[16] explora esse assunto de maneira didática. A leitura dos seus conceitos é uma importante reflexão para os nossos dias.

É fundamental promover práticas mais equilibradas e responsáveis em relação aos usos possíveis da internet. Temos de lidar com essa situação de maneira saudável e construtiva, porque, em termos sociais, a disputa pela atenção pode levar ao enfraquecimento das relações interpessoais e ao aumento do individualismo.

---

[15] MONTEIRO, L. Excesso de tecnologia afeta o cérebro. **Estado de Minas**, 27 maio 2019. Disponível em: https://www.em.com.br/app/noticia/bem-viver/2019/05/27/interna_bem_viver,1056461/excesso-de-tecnologia-afeta-o-cerebro.shtml. Acesso em: 24 dez. 2023.

[16] LEMBKE, A. **Nação dopamina**: por que o excesso de prazer está nos deixando infelizes e o que podemos fazer para mudar. São Paulo: Vestígio, 2022.

Hoje, todo mundo disputa a atenção de todo mundo.

@felipepachecoborges

A atenção fragmentada e a busca incessante por novidades dificultam a construção de conexões profundas entre as pessoas. No entanto, as empresas têm a capacidade de influenciar positivamente nesse cenário ao adotar estratégias que promovam conexões mais significativas. Ao humanizar a marca, elas criam um conteúdo de valor e estabelecem um diálogo aberto e responsável.

Empresas e ecossistemas de negócios podem promover o equilíbrio digital, apoiar causas sociais e buscar parcerias colaborativas, contribuindo, assim, para a construção de uma sociedade mais conectada e saudável.

●●● **A busca por equilíbrio entre o uso das redes sociais e a valorização das relações interpessoais é essencial para promover uma convivência mais harmônica e satisfatória em um mundo cada vez mais digital.**

É fundamental que a sociedade reflita sobre a cultura do imediatismo e da busca incessante por atenção. Valorizar o contato humano genuíno, cultivar relacionamentos significativos e priorizar momentos de contemplação e reflexão podem ser caminhos para mitigar os efeitos negativos do cenário atual e resgatar o valor das relações interpessoais.

No entanto, não podemos ser hipócritas. Todo mundo quer disputar a atenção e, por isso, existe a tensão e histeria de marca.

TÉCNICAS PERSUASIVAS

Com o crescimento exponencial das redes sociais, os influenciadores digitais se tornaram figuras poderosas no cenário digital. Como vimos, são personalidades que têm o poder de cativar e conquistar uma enorme base de seguidores, alcançando audiências comparáveis às de celebridades tradicionais, muitas vezes, inclusive, superando-as. A notoriedade conquistada por eles se deve, em grande medida, às técnicas persuasivas e habilidades de engajamento utilizadas para chamar a atenção, criando a tensão e histeria de marca. Os influenciadores digitais compreendem que o conteúdo relevante e atrativo é fundamental para chamar a atenção. Por isso, se dedicam à elaboração de um material original e envolvente – por meio de fotos e vídeos bem produzidos, aliados a textos impactantes e informativos –, abordando temas de interesse do seu nicho de seguidores.

Uma das técnicas mais poderosas usadas é o storytelling, momento no qual eles compartilham suas experiências, desafios, conquistas e aprendizados. Essas histórias geram empatia e estabelecem um ambiente de identificação e conexão emocional duradoura. Essa conexão de longo prazo é fomentada, em grande medida, por uma comunicação constante e interativa. Os influenciadores sempre respondem aos comentários, às mensagens, e interagem com a audiência por meio de enquetes, perguntas, lives. Essa dinâmica gera uma sensação de proximidade e pertencimento, o que promove engajamento. Sem contar o fato de esses influenciadores digitais estarem sempre atualizados sobre as tendências das redes sociais.

As colaborações e parcerias firmadas com outros influenciadores, marcas e empresas são parte estratégica para a expansão e conquista de novos públicos. No fim das contas, as parcerias são vantajosas tanto para os influenciadores envolvidos quanto para quem firma esses contratos. As marcas, por exemplo, obtêm maior visibilidade e credibilidade ao se associarem a uma personalidade digital influente. Muito dessa condição está ligada ao fato de eles saberem como usar gatilhos emocionais para cativar quem interage com eles. As publicações são capazes de despertar alegria, empatia, inspiração e nostalgia, tornando o conteúdo mais significativo.

Manter uma presença consistente e frequente nas redes sociais é essencial para conquistar a atenção do público e tirar o melhor proveito da tensão e histeria dessa comunicação. Portanto, a frequência do uso dessas técnicas faz a diferença.

E no ambiente empresarial?

As marcas e as empresas têm total capacidade de estabelecer esse mesmo tipo de comunicação e interação. Tal dinâmica, aliás, facilita a constituição dos ecossistemas de negócios. Contudo, é importante ressaltar a autenticidade e a transparência como fatores cruciais para o sucesso a longo prazo dessas iniciativas, uma vez que as pessoas valorizam relações genuínas.

Em um mundo em constante evolução, a capacidade de se adaptar às mudanças e manter a conexão é a chave para o sucesso dos ecossistemas de negócios. Isso também é criar tensão e histeria de marca.

Explicando de maneira mais simples, a tensão e histeria de marca tornam-se evidentes quando se está no limite para ser cancelado. Quem transita por uma fronteira tênue do julgamento alheio chama atenção para si por meio de uma tensão de marca. A audiência é o objetivo dela com essa ação. Nesse sentido, a tensão e a histeria de marca são elementos utilizados atualmente nos ecossistemas porque, muitas vezes, só é possível integrar ecossistemas diferentes, ou chamar a atenção de grandes ecossistemas, se existe um grande poder para se chamar atenção.

Em um mundo em constante evolução, a capacidade de se adaptar às mudanças e manter a conexão é a chave para o sucesso dos ecossistemas de negócios. Isso também é criar tensão e histeria de marca.

@felipepachecoborges

●●● **Esse raciocínio até pode soar controverso, mas muita gente "compra" esse comportamento como moeda; e há pessoas que "vendem o poder de chamar atenção", o que é valioso para alguns ecossistemas. Por isso, é tão importante ter em mente, ao se desenhar uma estratégia de negócio, a seguinte pergunta: "Será que vale a pena para a empresa chamar atenção por meio de uma tensão de marca?".**

Gosto muito de lembrar de um exemplo peculiar que ajuda a refletir sobre isso. Certo tempo atrás, uma determinada envasadora de água elaborou uma embalagem em que a água engarrafada teria a aparência de uma lata de cerveja.[17] Um olhar rápido e desatento poderia não diferenciar aquela água de uma cerveja. A ação foi proposital. Eles quiseram chamar a atenção para o seu produto e criaram uma tensão de marca. "Como assim, você está tomando água em vez de cerveja?" seria a indignação a ser provocada. Apenas a semelhança da aparência, contudo, não seria suficiente para fazer essa água ser conhecida e, consequentemente, ter um bom desempenho em suas vendas. Esse, então, foi o momento em que a envasadora lançou mão do storytelling para dar notoriedade ao seu produto.

Ao decidirem fazer a propaganda da água, criaram um comercial praticamente feito para ser cancelado. A produção final dessa peça publicitária ficou no limite do aceitável. Por um triz, eles não foram cancelados por terem supostamente relacionado uma gestante ao fato de a

---

[17] BROWNLEE, M. Andy Pearson: what makes the genius behind the Liquid Death marketing campaigns tick? **Muscle and Health**, 12 out. 2023. Disponível em: https://muscleandhealth.com/wealth/andy-pearson-liquid-death/. Acesso em: 24 dez. 2023.

ingestão de bebida alcoólica ser nociva tanto à saúde da mulher grávida quanto da criança em sua barriga.[18] De uma forma criativa, algo do campo da propaganda, eles trabalharam em sua comunicação com uma tensão controlada para gerar uma reviravolta de sentimentos.

PENSAMENTO EM ECOSSISTEMA

Ainda no raciocínio da criação dos ecossistemas de negócios, ao lado da tensão e histeria de marca há outro conceito extremamente relevante: o raciocínio do efeito pinball e consumo infinito. Infelizmente, muitas empresas continuam com o pensamento de que a solução para o seu negócio é ter uma venda incessante. É a tal da maldição de ter que conseguir cliente novo. Por melhor que essa situação possa ser, infelizmente, não é a solução. As empresas tornam-se "escravas" dos clientes novos e se esquecem de que o mais importante é o cliente que já consumiu o seu produto.

A chance de um cliente novo comprar de você, como empresa, em média, gira em torno de 5% a 20%. Já a chance de um cliente que já consumiu algo com você, como empresa, voltar novamente a comprar, está acima de 60%.[19] Esse dado de análise de mercado, em outras palavras, indica a importância de se manter a recompra. Desconsiderar essa questão é negligenciar uma característica essencial do consumo.

---

[18] LIQUID Death big game commercial with kids hydrating at a party. 2022. Vídeo (00min30s). Publicado pelo canal Liquid Death. Disponível em: https://www.youtube.com/watch?v=qQwt4rzmVxY. Acesso em: 24 dez. 2023.

[19] KINIULIS, M. Customer acquisition vs. customer retention: what data says? **Markinblog**, 6 jun. 2021. Disponível em: https://www.markinblog.com/customer-loyalty-retentionstatistics. Acesso em: 24 dez. 2023.

Quem transita por uma fronteira tênue do julgamento alheio chama atenção para si por meio de uma tensão de marca.

@felipepachecoborges

A recompra desempenha papel vital na sustentabilidade e no crescimento dos negócios, proporcionando uma base de clientes leais e satisfeitos. Ao invesir no atendimento ao seu público de relacionamento e consumidor, na qualidade dos produtos produzidos e na experiência da compra, as empresas aumentam a taxa de recompra e, consequentemente, obtêm benefícios significativos para o seu sucesso a longo prazo.

●●● **Perceba: quando a empresa gera o pensamento de consumo infinito para conquistar novos clientes, muitas vezes, ela negligencia o aspecto do pensamento de ecossistema. Suponhamos que a empresa tenha um produto de venda estipulada de seis em seis meses, talvez em um período menor, de dois em dois meses, não importa. O fato aqui é: o produto dessa empresa tem saída em um período muito espaçado. Nesse caso, o que o pensamento de ecossistema contribui para que a empresa não passe tanto tempo sem vender para o seu cliente já existente é a consciência da necessidade de ter outros braços de negócio para alimentar o desejo desse cliente consumir outros itens que estão no seu ecossistema.**

Lembra-se do exemplo do açougue alguns capítulos atrás? *Talvez, hoje, eu vá na hamburgueria. Amanhã, eu quero ir ao restaurante de carne, ou, quem sabe, vou fazer um churrasco em minha casa.* Observem que o relato desse consumo está distribuído pelo ecossistema montado pelo açougue.

Em um determinado dia, esse cliente foi ao restaurante comer a carne fornecida pelo açougue; em outra ocasião, o seu consumo aconteceu

Todo mundo quer aparecer, mas a que custo?

na hamburgueria; já em outro momento, o cliente fez um churrasco. Ele saciou o próprio desejo de compra ao utilizar a variedade de produtos e locais oferecidos pelo ecossistema do açougue. Agora, reflita: se o açougue estivesse limitado às suas atividades como açougue, a interação dele com o desejo do cliente aconteceria em quantos ambientes e qual seria o seu lucro final?

Se a empresa alimenta o seu ecossistema, alimenta o consumo infinito dos seus clientes já existentes nos vários braços de sua atuação.

> ●●●
>
> **PARA FIXAR: A disputa é por ser mais visto**
>
> A tensão e histeria de marca são relevantes como estratégia para elaboração de ecossistemas de negócios. O cenário contemporâneo é marcado por uma disputa constante da atenção. Nesse contexto, as redes sociais têm papel fundamental. Já influenciadores digitais são capazes de conquistar audiências expressivas utilizando técnicas persuasivas, como conteúdo relevante, storytelling, interatividade e colaborações. No entanto, a busca incessante por atenção pode impactar negativamente a saúde mental, especialmente a dos jovens. Empresas podem colaborar para amenizar essa disputa ao adotar estratégias que promovam conexões mais significativas e equilibradas com o seu público de relacionamento, humanizando a marca e estabelecendo um diálogo responsável.
>
> A recompra é essencial para o sucesso dos negócios, pois clientes fiéis geram receita recorrente e reduzem os custos de aquisição. O pensamento em ecossistema permite às empresas ampliar

O PODER DOS ECOSSISTEMAS

a interação com o cliente, alimentando o consumo infinito por meio de uma variedade de produtos e serviços oferecidos pelo seu ecossistema. Construir conexões autênticas e aliá-las a um conteúdo de valor é a chave para lidar de maneira construtiva com a disputa pela atenção e fortalecer os relacionamentos em um mundo cada vez mais digitalizado.

Se a empresa alimenta o seu ecossistema, alimenta o consumo infinito dos seus clientes já existentes nos vários braços de sua atuação.

@felipepachecoborges

CAPÍTULO 9

A comunidade não pode ser copiada

Ao investir na autenticidade e na originalidade, investe-se em um presente para gerar um futuro de sucesso sustentável, com impacto duradouro.

Nos últimos capítulos, detalhei a criação do ecossistema de negócios. Vimos, passo a passo, as etapas para a sua constituição, a importância de cada uma delas e a maneira mais efetiva para conseguir realizá-las. Neste capítulo, por sua vez, ao nos aproximarmos do final deste livro, preciso que você reflita sobre um tema de extrema importância: a constituição da sua marca e a originalidade que ela traz, o significado que ela pode ter para as pessoas e para o seu negócio. Sobre esse assunto, nunca se esqueça:

Nós só conseguimos capilarizar a nossa marca se deixarmos uma marca nas pessoas.

Essa afirmação remete à importância de, como empresa, estabelecer conexões significativas e profundas com o seu público de relacionamento. O sucesso de uma marca não está somente no fato de ela ser uma presença com grande visibilidade. Ela precisa deixar uma impressão duradoura que vai além daquilo que é tangível. Tem de permear a percepção das pessoas. Afinal, uma marca é muito mais do que um logotipo ou um produto em si; ela é uma narrativa, uma experiência e um conjunto de valores que se comunicam de maneira subliminar com os consumidores, com o seu público de relacionamento.

Quando uma marca encanta as pessoas, ela se insere nas memórias emocionais delas, tornando-se parte de sua identidade. Essa dinâmica só acontece quando se cria uma conexão emocional autêntica, ressoando com os valores, desejos e as aspirações de quem se relaciona com ela. Essa ideia está alinhada ao conceito de "branding emocional", que enfatiza a importância de se criar experiências memoráveis e sentimentos positivos associados à marca.

●●● **Ao tocar a emoção das pessoas, a marca se torna muito mais do que um produto ou serviço, ela passa a ser um símbolo de significado e pertencimento.**

As pessoas desejam se relacionar com as marcas que as façam se sentir valorizadas, compreendidas e representadas. Nesse sentido, a capilarização da marca, ou seja, a sua expansão e a disseminação da sua presença, ocorre de maneira orgânica e autêntica, pois as pessoas se tornam uma espécie de embaixadoras involuntárias dessa marca, do seu ecossistema de negócios. Essa situação ocorre à medida que as experiências positivas, tidas pelas pessoas, se transformam em histórias compartilháveis.

Em tempos de ilimitadas conexões em rede social, o compartilhamento de histórias tem um valor singular, um imenso potencial. Na prática, os consumidores tornam-se difusores da mensagem da marca, ampliando a sua presença social. Esse boca a boca espontâneo tem poder inestimável, sobretudo pelo fato de ser baseado em confiança interpessoal.

Mas lembre-se: para *deixar uma marca nas pessoas*, é essencial que a sua marca (o seu ecossistema) seja genuína e consistente em suas ações e mensagens. A autenticidade é a base sobre a qual as conexões mais profundas são estabelecidas. Se uma marca promete uma coisa e entrega outra, as pessoas sentirão uma desconexão e, consequentemente, a confiança será abalada. Por isso, a verdadeira capilarização de uma marca (de um ecossistema também) ocorre quando ela deixa uma impressão duradoura e emocional na mente e no coração das pessoas e/ou instituições que se relacionam com ela. É quando a marca acaba se tornando parte integrante da vida e da identidade de seus consumidores. E essa é uma relação especial, vai muito além dos vínculos estabelecidos pela publicidade e propaganda.

CONFIANÇA E CREDIBILIDADE

No competitivo e dinâmico mundo dos negócios, a originalidade de uma marca, e de um ecossistema de negócios, emerge como um ativo valioso. É um dos seus principais diferenciadores. Ser original, além de ser uma estratégia inteligente, é uma das chaves para o sucesso a longo prazo, pois a autenticidade e singularidade dessa originalidade destaca-se na concorrência, possibilitando, assim, estabelecer conexões profundas e duradouras com as pessoas, dando contexto para se contar uma história única. Nesse sentido, ao apresentar uma narrativa exclusiva, forma-se uma identidade sólida e memorável que ressoa com os valores e as aspirações do seu público de relacionamento. Por sua vez, essa história autêntica se torna um elemento de identificação pessoal para os consumidores.

Além de vender com mais facilidade produtos e serviços, ecossistemas de negócios originais oferecem as experiências e os significados sociais que os consumidores buscam. E mais: a originalidade impulsiona a inovação. Os ecossistemas de negócios que buscam ser únicos estão constantemente desafiando os limites convencionais e procurando maneiras criativas para atender às necessidades do mercado. A busca pela originalidade estimula a pesquisa, o desenvolvimento e a adaptação contínua, resultando em uma atuação que está em permanente evolução, atendendo melhor aos desejos mutáveis dos consumidores.

Um ecossistema de negócios com uma marca original estabelece confiança e credibilidade. A consistência entre a mensagem que a marca transmite e as suas ações no mercado reflete uma base sólida de confiança com os consumidores. Isso é essencial para criar lealdade e fidelidade nas relações. As pessoas são mais propensas a se conectar emocionalmente em relações que lhes parecem mais genuínas e sinceras em suas motivações.

Além disso, a originalidade é um dos mais poderosos antídotos contra cópias dos produtos e/ou prestação de serviço existentes. Quando um produto ou uma prestação de serviço se destaca por sua autenticidade e singularidade, é bem mais difícil para os concorrentes replicarem a sua essência. Essa condição permite que o ecossistema de negócios mantenha a sua vantagem competitiva e sua relevância. Esse é o seu diferencial.

Além de vender com mais facilidade produtos e serviços, ecossistemas de negócios originais oferecem as experiências e os significados sociais que os consumidores buscam.

@felipepachecoborges

●●● **A comunidade estabelecida nos ecossistemas de negócios é um aspecto singular que os seus concorrentes não vão conseguir copiar de uma hora para outra. Esse fato torna o ecossistema de negócios algo único, independentemente de seu tamanho.**

Não subestime a importância da originalidade do seu ecossistema, da sua marca. A originalidade favorece a elaboração de histórias inspiradoras que impulsionam a inovação e que podem moldar a cultura do seu ecossistema, que estará em permanente evolução. Ao investir na autenticidade e na originalidade, investe-se em um presente e em um futuro de sucesso sustentável, com impacto duradouro. Tome como exemplo a criação dos aplicativos de transporte urbano. Vamos nos lembrar da Uber, mais especificamente, já que ela foi a pioneira do segmento.

A Uber se estabeleceu entre comunidades já existentes e fez a mediação entre elas, fez o diálogo, foi a ponte, as aproximou. O aplicativo uniu as pessoas que precisavam se locomover pela cidade com as que tinham carro, mas que, apesar de não serem taxistas, tinham a intenção de ganhar algum dinheiro extra. Essa é uma maneira simples de mostrar como surgiu um dos negócios mais fortes dos últimos tempos, mas vamos rememorar um pouco da sua história mais formal.

A HISTÓRIA DA UBER

O aplicativo Uber foi criado por Garrett Camp e Travis Kalanick. A história da empresa remonta a 2008, quando Garrett, empreendedor e engenheiro canadense, teve a ideia inicial de criar um serviço de transporte mais eficiente e conveniente após ter dificuldades para encontrar um táxi em Paris.[20]

Em 2009, Garrett compartilhou sua ideia com Travis, um empreendedor de tecnologia experiente no setor de startups e inovação. Juntos, eles começaram a desenvolver o conceito da Uber, inicialmente chamado UberCab.[21]

Em março de 2010, foi lançando oficialmente a UberCab, na cidade de São Francisco, na Califórnia, como um serviço de carros de luxo que podia ser solicitado por meio de um aplicativo móvel.[22] A ideia era oferecer no mercado uma alternativa mais rápida e confiável aos táxis tradicionais. Tanto a solicitação quanto o pagamento do serviço seria feito pelo aplicativo, tornando a experiência mais conveniente e sem a necessidade de manusear dinheiro ou cartões.

Em poucos anos, a UberCab se expandiu para outras cidades norte-americanas. Eles inovaram e diversificaram a sua oferta (incluíram em seus serviços opções como UberX, para carros comuns; uberPOOL, para compartilhamento de viagens; e Uber Eats para entrega de alimentos) rapidamente, o serviço se espalhou por outros países e, em 2011, passou a se chamar Uber.[23]

---

[20] FELIPE, V. Uber: Como surgiu o aplicativo que se tornou uma das empresas mais valiosas do mundo. **Codificar**, 30 jun. 2021. Disponível em: https://codificar.com.br/uber/. Acesso em: 24 dez. 2023.

[21] HOW Uber's cofounder came up with the idea, and then gave it to Travis Kalanick to run. **OfficeChai**, 5 jun. 2017. Disponível em: https://officechai.com/startups/garrett-camp-uber-cofounder/. Acesso em: 24 dez. 2023.

[22] FATOS e dados sobre a Uber. **Uber**, 1 ago. 2023. Disponível em: https://www.uber.com/pt-br/newsroom/fatos-e-dados-sobre-uber/. Acesso em: 24 dez. 2023.

[23] SCHWINGEL, M. Qual foi a estratégia da Uber para mudar um modelo de negócio consolidado. **V4 Company**, 23 jun. 2023. Disponível em: https://v4company.com/blog/cases-de-marketing/estrategia-da-uber. Acesso em: 24 dez. 2023.

A originalidade favorece a elaboração de histórias inspiradoras que impulsionam a inovação e que podem moldar a cultura do seu ecossistema, que estará em permanente evolução.

@felipepachecoborges

A comunidade não pode ser copiada

●●● A Uber, além de ter revolucionado o setor de transporte de passageiros nas cidades, ajudou a popularizar o conceito de economia de compartilhamento, abrindo caminho para o surgimento de outros aplicativos e prestação de serviço semelhantes, em diversos segmentos econômicos, por exemplo, o Airbnb, serviço de hospedagem.

Claro, as modificações que a Uber promoveu encontraram resistência. Ao longo de sua existência, são inúmeros os seus desafios regulatórios, vários foram os protestos populares contra a sua presença, entre outras ações que tentam minar a operação da empresa. Travis Kalanick, que foi CEO da Uber por muitos anos, deixou o cargo em 2017 após uma série de controvérsias.[24] Desde então, a liderança da Uber mudou, e a empresa continuou a crescer e se adaptar às mudanças no mercado e às regulamentações.

A Uber foi criada como uma ideia para tornar o transporte mais acessível e eficiente, e sua história mostra como uma inovação tecnológica pode transformar a maneira como as pessoas se movem nas cidades e como os negócios são conduzidos em todo o mundo. É um exemplo clássico de uma revolução social e econômica a partir da formação de uma ecossistema de negócios.

---

[24] TRAVIS Kalanick, fundador da Uber, deixa cargo no conselho da empresa. **G1**, 24 dez. 2019. Disponível em: https://g1.globo.com/economia/tecnologia/noticia/2019/12/24/travis-kalanick-fundador-da-uber-deixa-cargo-no-conselho-da-empresa.ghtml. Acesso em: 24 dez. 2023.

A revolução da Uber

Tecnologia e conveniência: a Uber introduziu um modelo de negócio inovador ao combinar a tecnologia de smartphones com a indústria de táxis e transporte. Ao desenvolver um aplicativo simples e fácil de usar, a empresa possibilitou que usuários solicitassem carros com motoristas de maneira rápida e conveniente. Os passageiros chamam um veículo com apenas alguns toques na tela do celular, acompanham o trajeto do motorista em tempo real e fazem o pagamento automaticamente, tornando a experiência de transporte mais eficiente e agradável.

Acesso 24 horas: diferentemente dos táxis tradicionais, que em muitos lugares são mais difíceis de encontrar durante certas horas ou locais, a Uber oferece o seu serviço 24 horas por dia, sete dias por semana. Os motoristas estão disponíveis em várias cidades e regiões, mesmo durante horários de baixa demanda, proporcionando maior conveniência aos usuários.

Valores competitivos: a Uber utiliza um modelo de preços dinâmicos, em que as tarifas variam de acordo com a demanda. Isso permite que os usuários conheçam o custo exato da viagem antes mesmo de solicitar o carro, evitando surpresas indesejadas no pagamento.

Avaliações e segurança: o sistema de avaliação mútua entre motoristas e passageiros, em que ambos podem dar notas e deixar comentários após cada viagem, incentiva que os motoristas forneçam um serviço de qualidade e que os passageiros mantenham um comportamento respeitoso. Isso contribui para melhorar a segurança e a qualidade das viagens.

Oportunidades de trabalho: a Uber abriu novas oportunidades para pessoas que desejavam ganhar dinheiro extra ou ter uma ocupação profissional em tempo integral. Muitas pessoas encontraram na plataforma uma maneira de trabalhar com maior flexibilidade e independência.

Presença global: sua rápida presença em todo o mundo ajudou a consolidação da marca e do serviço, transformando a maneira como as pessoas se deslocam em suas cidades.

Esses fatores combinados levaram à revolução do setor de transporte de passageiros e marcaram a importância dos ecossistemas de negócios no século XXI.

Em ecossistemas como o da Uber, as comunidades existentes neles se retroalimentam porque as pessoas têm necessidade de ir e vir, portanto precisam usar algum transporte. Essa condição é estrutural, a Uber não precisa fazer nada para que as pessoas queiram se locomover. No entanto, ela facilita essa locomoção.

O mesmo fenômeno acontece em relação ao Airbnb. As pessoas viajam e precisam se hospedar, mesmo em suas cidades, ou às vezes necessitam dormir fora de casa. O Airbnb facilita isso. Oferece as condições para que as pessoas realizem o processo de maneira mais prática, com mais segurança e gastando menos. Tanto a Uber como o Airbnb são exemplos de ecossistema de transação, assunto que reservei para o próximo e último capítulo.

PARA FIXAR: Ecossistemas de negócios únicos e memoráveis

Deixar uma marca duradoura nas pessoas é parte essencial da capilarização de um ecossistema de negócios. Uma marca vai além de sua presença visível, ela deixa uma impressão emocional duradoura que permeia a percepção das pessoas. Nesse sentido, a autenticidade e a singularidade são fundamentais para estabelecer conexões significativas e profundas com o público de relacionamento.

Ao emocionar as pessoas, a marca se torna mais do que um produto ou serviço: transforma-se em um símbolo de significado e pertencimento. O compartilhamento de histórias positivas das pessoas com a marca, em um contexto de redes sociais, é um poderoso veículo para disseminar a mensagem da marca, e a autenticidade destaca-se como base para estabelecer conexões profundas e duradouras.

A coerência entre a mensagem e as ações da marca é crucial para construir confiança com os consumidores. Já a originalidade é um diferencial valioso que impulsiona a inovação e protege contra imitações. Investir em autenticidade e originalidade é investir em um futuro de sucesso sustentável e impacto duradouro, moldando uma marca e um ecossistema de negócios únicos e memoráveis.

•••

Não subestime a importância da originalidade do seu ecossistema, da sua marca.

@felipepachecoborges

CAPÍTULO 10

Os ecossistemas de negócios transformam o mundo

Quando você tem os parceiros corretos, as lacunas dos negócios são preenchidas e você é levado ao sucesso.

A Uber e o Airbnb são exemplos didáticos de ecossistemas de transação, assunto que reservei para este capítulo, porque eles representam um caminho sem volta para o mercado corporativo. De certa maneira, é um futuro que já está entre nós.

Antes de tudo, é importante delimitar o que são os ecossistemas de transação. Tratam-se de ecossistemas que se colocam entre duas comunidades: a comunidade de pessoas que precisa de um serviço e a comunidade de pessoas que pode oferecer esse serviço de maneira descomplicada mediante pagamento. A Uber, por exemplo, é transacional porque executa a transação entre duas comunidades: a de pessoas que precisam ser transportadas e a de pessoas que podem oferecer esse transporte em troca de uma renda extra. O aplicativo funcionaria como a relação transacional entre as partes, assim como no caso do Airbnb.

Os ecossistemas de transação são muito fora do comum. Sim, eles são difíceis de serem colocados em prática, mas o impacto da sua existência, quando bem-feito, é transformador.

O surgimento da Uber representou uma mudança de paradigma no mundo dos negócios, demonstrando de modo radical a capacidade da inovação disruptiva de remodelar indústrias estabelecidas e desafiar as convenções contra todas as previsões. Essa, aliás, é uma das forças dos ecossistemas.

Ao transformar radicalmente o setor de transporte, a Uber transcendeu a mera criação de um aplicativo de mobilidade e abriu caminho para uma abordagem completamente nova em relação aos serviços, ao uso das tecnologias e à economia compartilhada. A sua existência teve impacto social único. Afinal, a revolução promovida pela Uber vai muito além de ser uma história do setor de transporte, ou uma maneira de ir e vir nas cidades. Em sua essência, a sua narrativa tem o DNA dos princípios fundamentais da inovação transformadora proporcionada pelos ecossistemas.

Uma das suas características revolucionárias iniciais está no fato de ela ter centrado a oferta da sua solução nas necessidades do cliente, aspecto que conferiu capilaridade à operação porque respondeu ao anseio das pessoas. Mas essa ação só foi possível, e de maneira tão potente, pelo fato de a Uber ter lançado mão da tecnologia como principal instrumento para execução desse trabalho. Sobretudo, porque conseguiram convergir a tecnologia de ponta a um mercado demandante de soluções mais ágeis e acessíveis.

Os ecossistemas de negócios transformam o mundo

A Uber colocou em xeque a hegemonia das empresas tradicionais de transporte, por ter introduzido uma abordagem direta e personalizada aos passageiros, dando mais poder de escolha a eles e flexibilidade no uso desse transporte como nunca fora possível ser oferecido. Mas a sua revolução não parou por aí.

A implementação de um sistema de avaliação bidirecional é mais uma de suas características originais. Assim, a empresa estimulou a excelência no atendimento, estabelecendo um padrão elevado para motoristas e passageiros. Essa abordagem resultou em um ambiente competitivo no qual a qualidade do serviço é primordial para a fidelização do cliente, redefinindo as expectativas dos consumidores e incentivando outros segmentos produtivos a adotarem uma abordagem mais centrada no cliente.

Além disso, por meio da flexibilidade oferecida aos motoristas, que podem escolher os próprios horários de trabalho, a Uber iniciou uma modificação formal nos modelos de emprego e trabalho, indicando uma tendência emergente em direção às atividades independentes e autônomas. Essa questão tem significativas implicações às práticas trabalhistas tradicionais, bem como à maneira como as pessoas equilibram as vidas profissional e pessoal. Sem contar que, ao transcender fronteiras geográficas e culturais, a Uber expandiu a sua base de usuários e demonstrou como uma abordagem unificada pode ser adaptada a diversas realidades, reforçando a flexibilidade e a escalabilidade como pilares da inovação moderna. Isso demonstra o potencial das empresas em adotar uma mentalidade global e abraçar novos mercados e desafios e indica a extensão dos ecossistemas de negócios. Não há fronteiras para a sua atuação.

O ecossistema de negócios transacional, elaborado pela Uber, exemplifica como a inovação, aliada à tecnologia e à visão empreendedora redesenha setores produtivos, desafia paradigmas e abre caminhos para se estabelecer novas maneiras de pensar e operar as relações empresariais. O impacto desse ecossistema inspira uma reavaliação mais ampla dos modelos de negócios e das possibilidades de inovação em um mundo em constante evolução.

É preciso também considerar algumas questões trabalhistas que envolvem o aplicativo. Como tantas outras empresas de tecnologia, e de compartilhamento de serviços, a Uber enfrenta questões trabalhistas e debates legais mundo afora. Uma das questões trabalhistas centrais é: os motoristas da Uber devem ser considerados funcionários ou trabalhadores independentes? Essa caracterização é importante porque tem impactos em uma série de benefícios, remuneração e proteções legais.

Outro ponto que tem ganhado repercussão em diversos países são os debates sobre a responsabilidade legal da empresa em relação aos acidentes e/ou incidentes envolvendo os motoristas vinculados à plataforma no momento em que estão trabalhando pelo aplicativo. O modo como a justiça vem encaminhando suas decisões em relação a essas e outras questões em relação ao funcionamento do aplicativo varia de acordo com o país. A complexidade delas reflete, sobretudo, a importância de se reavaliar as leis trabalhistas existentes diante dos novos arranjos econômicos, sociais e trabalhistas das sociedades.

ADAPTAÇÃO E INOVAÇÃO

O cenário empresarial contemporâneo é marcado por uma dinâmica acelerada de mudanças, em que as certezas são desafiadas e repensadas a todo tempo. Desafiar e repensar aquilo que está posto é um dos princípios dos ecossistemas de negócios de transação, porque, na prática, eles refletem a fluidez e interconexão das operações comerciais que existem em um mundo em constante evolução.

Os ecossistemas de transação nos negócios geram riqueza de ideias, colaborações e oportunidades. Eles representam um movimento em direção à colaboração. Em vez de existirem como uma abordagem meramente centrada na concorrência, os ecossistemas encontram valor na união de esforços para enfrentar desafios comuns. Colaborações entre empresas, entre pessoas, entre a prestação de serviços complementares se tornam altamente benéficas por terem sinergia e estabelecerem a criação coletiva por meio de soluções inovadoras.

Inovação é o pilar central dos ecossistemas de transação.

A convergência de múltiplas disciplinas e perspectivas proporciona um ambiente favorável para o surgimento de ideias disruptivas. A troca de conhecimento e a interação entre diferentes campos geram insights que transcendem as fronteiras tradicionais, resultando em novos produtos, serviços e modelos de negócios que atendem às variadas demandas dos consumidores e às necessidades emergentes do mercado.

Quem está envolvido na estrutura desses ecossistemas abraça a volatilidade do ambiente de negócios sendo ágil e flexível. Essa prática permite se ajustar às mudanças do mercado e incorporar as constantes inovações tecnológicas. A capacidade de reinvenção é um diferencial competitivo, a qual possibilita que as empresas se destaquem em qualquer circunstância. Esse é o poder da adaptação corporativa, um imperativo no século XXI.

E, sem dúvida, o universo digital contribuiu para acelerar o surgimento dos ecossistemas de negócios de transação na medida em que a transformação digital viabiliza a criação de plataformas de trabalho que conectam uma ampla gama de participantes, desde fornecedores e parceiros até os clientes finais. As plataformas digitais, por exemplo, são catalisadoras da colaboração e facilitadoras da troca de informações, fomentando a inovação e a criação conjunta de valor. Mas é importante lembrar: a multiplicidade de stakeholders em um ecossistema de negócios (independentemente de qual ele seja) e as suas respectivas agendas podem levar a conflitos e desalinhamentos se houver descompasso entre as características de seus integrantes. Por isso, para se evitar esse cenário desagregador, é necessário estabelecer uma cooperação harmoniosa e a busca de objetivos comuns. Encontrá-los é fundamental para o sucesso a longo prazo desses ecossistemas.

●●● **Os ecossistemas de negócios de transação possibilitam que as empresas prosperem em um ambiente em constante evolução.**

Hoje, vivemos em uma sociedade polarizada, na qual, em um lado, há os profissionais extremamente executores, mas que não têm pensamento crítico; e, em outro, há as pessoas que só falam, que só têm ideias, mas não as colocam em prática. É como se um grupo vivesse para executar, e o outro, só para divagar. Nesse contexto, é essencial saber em qual desses grupos você está. Essa consciência ajudará você a entender como aproveitar mais adequadamente os momentos de instabilidade criativa que são imprescindíveis para a constituição dos ecossistemas.

EXPLORAÇÃO

A instabilidade criativa é um conceito intrigante que captura a natureza fluida e muitas vezes imprevisível do processo criativo. Ela se refere

Desafiar e repensar aquilo que está posto é um dos princípios dos ecossistemas de negócios de transação.

@felipepachecoborges

ao processo em que se arborizam as ideias, onde acontecem os brainstormings e são levantadas muitas hipóteses possíveis, muitas ideias de tendências e novidades. É o estado de fluxo constante em que a critividade opera e a mudança e a incerteza são elementos intrínsecos do processo de geração de ideias e da expressão. Essa instabilidade, longe de ser um obstáculo, é o combustível que alimenta a chama criativa.

A criatividade raramente segue uma trajetória linear ou previsível. Ela é um ato de exploração, experimentação e descoberta, por isso, baseia-se na incerteza, na imprevisibilidade.

No âmbito dos negócios, a instabilidade criativa surge quando nos deparamos com desafios, bloqueios, mudanças de direção e ambiguidades que nos acompanham cotidianamente. Esses momentos de desequilíbrio, por assim dizer, nos desafiam e nos tiram da zona de conforto, fazendo com que tenhamos de explorar novos territórios, terreno fértil para os ecossistemas de negócios.

À medida que o mundo evolui, as demandas e as influências que moldam a criatividade também mudam. Aqueles capazes de abraçar essa instabilidade e incorporá-la em sua abordagem criativa estão mais propensos a criar trabalhos que ressoam com os tempos e capturam a complexidade da vida contemporânea. Mas atenção: a instabilidade criativa não é um desafio a ser superado, pelo contrário. Ela é um trampolim aos processos inovativos, à constituição do novo. A insegurança e a imprevisibilidade têm grande potencial de estímulo às novas conexões de ideias, abordagens inusitadas e soluções originais. Em muitos casos, é exatamente quando a criatividade é forçada a se adaptar à mudança que ela atinge níveis surpreendentes de originalidade.

A história está repleta de exemplos de criações notáveis que surgiram da instabilidade criativa. São empreendedores que reconfiguraram

Quem está envolvido na estrutura desses ecossistemas abraça a volatilidade do ambiente de negócios sendo ágil e flexível.

@felipepachecoborges

suas estratégias de negócios em resposta a mudanças no mercado. Vide o exemplo de Steve Jobs e da criação de sua empresa Apple. Primeiro, ele revolucionou o mercado de computadores pessoais ao criar, no início dos anos de 1980, um computador que, de fato, era pessoal e podia ser utilizado na casa das pessoas de maneira única. Depois, ele revolucionou o mercado fonográfico ao desenvolver os iPods; e fez ainda uma das maiores revoluções recentes da humanidade ao lançar o iPhone, que transformou o aparelho celular em algo indispensável à vida das pessoas. O trabalho de Jobs é um indicativo incontestável do porquê a instabilidade criativa deve ser acolhida como força motriz da inovação. No entanto, a maioria das pessoas não consegue chegar à fase da execução das ideias.

Nas empresas, é muito comum haver incontáveis reuniões de brainstorming. Os profissionais se juntam para trocar ideias e experiências. Desses inúmeros encontros, surge uma infinidade de ideias e estratégias, mas quantas tornam-se realidade, de fato? Quantas saem do papel?

É duro dizer, mas o cemitério está cheio de ideias inovadoras que mudariam o mundo. Por que isso acontece? As pessoas não conseguem colocar em prática aquilo que pensam. Se você que está me lendo agora e se considera o novo Jobs do pedaço, ainda desconhecido e injustiçado, fique atento: algum dos seus concorrentes (mesmo que você o desconheça) está colocando em prática a ideia dele, enquanto você nem saiu do campo dos pensamentos. Ele está anos-luz à sua frente.

A sua ideia pode realmente ser brilhante. Aliás, você pode ter inúmeras ideias brilhantes, mas de nada adianta se você não as colocar em prática, se elas não ganham vida. E o que nos moveria a colocar nossas ideias em prática? O senso de priorização ligado à estabilidade produtiva.

A estabilidade produtiva é uma espécie de base para a eficiência. É o alicerce sobre o qual construímos ações sólidas, confiáveis e sustentáveis. Assim como uma árvore precisa de raízes para crescer, as organizações também dependem da estabilidade produtiva para alcançar seu pleno potencial e prosperar. Enquanto a instabilidade criativa sugere ideias, a estabilidade produtiva viabiliza essas ideias. Dentro de uma organização, muitas vezes, é a parte do processo feita pelos executores, que nem sempre são as mesmas pessoas que tiveram as ideias.

Na prática, a estabilidade produtiva tem relação com as tarefas, o fazer da gestão. Suponha que você tenha dez ideias legais; porém, não é possível executá-las ao mesmo tempo. É preciso decidir qual ou quais serão a prioridade. Uma vez definida essa questão, deve-se estruturar o plano da sua execução, colocar o seu planejamento em andamento. Quais são os prazos envolvidos? Em quanto tempo ela será executada e quantos profissionais participarão da execução? O cronograma precisa ser estabelecido e há que se desenhar um *road map* possível de ser feito.

Perceba: estamos falando aqui de escolha e foco. Oito boas ideias foram descartadas ou a execução delas foi postergada para que o plano de ação das escolhidas possa ser feito a contento, porque é preciso estabelecer um acompanhamento realístico, envolver as pessoas certas, e tudo isso ocorre dentro da estabilidade produtiva do negócio. Essa ação tem um poder imenso. Em um ambiente estável de trabalho, com previsibilidade e consistência, as pessoas podem se concentrar na inovação, na melhoria contínua e no desenvolvimento de soluções criativas, sabendo que há algo em que apoiá-las.

A estabilidade produtiva é um catalisador para o crescimento duradouro e o sucesso a longo prazo. A instabilidade criativa é um processo dinâmico em constante evolução, ela nos convida a adotar uma mentalidade aberta a encarar os desafios como oportunidades para crescer e nos transformar. Exercitá-la é uma maneira de nos inspirarmos para

Os ecossistemas de transação nos negócios geram riqueza de ideias, colaborações e oportunidades.

@felipepachecoborges

trilharmos caminhos que nos levem a novas maneiras de expressão, a ideias originais, e nos prepara para criarmos um mundo mais vibrante. E isso ocorre quando partimos da estabilidade produtiva.

CRESCIMENTO COLETIVO

Lembre-se: ecossistemas de transação referem-se a ambientes empresariais ou setores em que ocorrem mudanças significativas, transformações ou transições. Essas mudanças podem ser impulsionadas por vários fatores, como avanços tecnológicos, mudanças nas preferências do consumidor, alterações regulatórias, pressões competitivas ou até mesmo eventos inesperados, como crises econômicas ou pandemias.

●●● A constituição desses ecossistemas de transação envolve a adaptação das empresas e indústrias a novas realidades, a incorporação de inovações disruptivas ou a transição para práticas mais sustentáveis e responsáveis.

À medida que o cenário de negócios evolui, as empresas precisam se reestruturar, modificar seus modelos de negócios, formar novas parcerias estratégicas e desenvolver novas competências para se manterem competitivas. Nesse sentido, a formação dos ecossistemas de transação está ligada à evolução que as empresas precisam fazer para acompanhar as transformações do mercado e da sociedade.

Nos ecossistemas de negócios, as fronteiras entre competidores e colaboradores se dissolvem, dando lugar a um cenário em que a interdependência gera valor. Como uma floresta diversificada, na qual cada organismo contribui para o equilíbrio do todo, os ecossistemas de negócios reúnem empresas, parceiros e clientes em uma dança harmoniosa de inovação e cooperação. Nesse ambiente interconectado, as trocas de conhecimento, recursos e experiências criam um ambiente fértil para o crescimento coletivo, em que a sinergia é a força motriz e a adaptação é a chave para a sobrevivência.

Nos ecossistemas de negócios, a colaboração transcende a competição, e o sucesso de um se torna o sucesso de todos.

O DESAFIO DA INOVAÇÃO PERPÉTUA

Tenho certeza de que ao chegar a este ponto da leitura, você está com a cabeça fervilhando de ideias. Vários conceitos devem estar sendo formulados, e quando esses pensamentos se estabelecem, a ansiedade e a excitação vão lá para cima. Essa sensação ocorre porque criamos em nosso interior o desafio da inovação perpétua. Nele, queremos sempre estar à frente. Somos perseguidos pelo fantasma da obsolescência. Ou seja, tendemos a acreditar que a nossa inovação hoje não valerá mais nada amanhã.

Atualmente, os empreendedores acreditam que precisam manter a alta performance todo santo dia. É comum pensarem que, se não estão desempenhando as suas atividades em alta performance, há alguém lhes superando, sendo mais produtivo. Esse pensamento é extenuante, aumenta a ansiedade e pode levar ao descontrole caso ele persista nessa ideia, pois não dá margens para lidar com a insegurança e o permanente medo de ser insuficiente. Essa, de fato, é uma condição difícil de ser superada, mas há um remédio para combatê-la, e ele se chama ambientação.

Os ecossistemas de negócios transformam o mundo

Quem decide entrar no universo da formação dos ecossistemas tem de se aproximar das pessoas, descobrir quem tem afinidade e interesses comuns. É preciso estabelecer diálogo com quem quer conquistar, inovar. Manter contato com profissionais e/ou empresas que saibam acolher o seu processo de instabilidade criativa para, depois, consolidar uma estabilidade produtiva. É preciso estar associado a quem deseja realizar. Precisamos estar no ambiente certo para que as nossas propostas de inovação aconteçam, mesmo que não estejamos em alta performance constantemente.

Sim, tem como resolver essa dor, e essa resolução passa por nos encontrarmos e estabelecermos diálogo.

Acesse o QR Code
e me siga no Instagram:
/felipepachecoborges

Desejo, sinceramente, que este livro tenha servido de ponto de partida para uma virada em sua vida, para que você tenha mais clareza e objetividade na transformação das suas atividades, para que seu ecossistema de negócios surja de maneira consequente e torne-se relevante. O caminho para essa transformação é longo, mas é possível.

Chegou a hora de você respirar um pouco. Foram muitas as informações que compartilhamos aqui. Contudo, a minha certeza é: *Você é capaz de implementar todas elas. De assimilar os conceitos e usá-los da forma mais adequada à sua realidade.* As modificações não acontecem da noite para o dia. Assim, o importante é manter a calma e permanecer ativo, realizando algo a cada dia.

Vamos juntos nessa caminhada, nessa transformação!

●●●

PARA FIXAR: Ecossistemas de negócios, inovação e crescimento coletivo

Os ecossistemas de transação revolucionam os setores corporativos, pois são capazes de remodelar indústrias estabelecidas e desafiar convenções. A Uber é um exemplo de inovação disruptiva, que transcendeu o setor de transporte ao introduzir um modelo de negócios centrado no cliente, usar tecnologia avançada para conectar motoristas particulares a usuários sob demanda, incentivar outras indústrias a adotarem uma abordagem centrada no cliente, além de se tornar referência para um novo modelo de emprego e trabalho.

Lembre-se: a estabilidade produtiva serve como base para a eficiência nas operações. Para conquistar crescimento a longo prazo é preciso saber priorizar e planejar a execução das ideias de maneira estruturada. No contexto dos ecossistemas de negócios, a colaboração transcende a competição, e a interdependência gera valor. É preciso saber adaptar-se e inovar em um ambiente empresarial em constante evolução.

A instabilidade criativa, por sua vez, é uma característica essencial ao processo criativo, e ela pode levar a soluções inovadoras quando bem aproveitada. A formação de ecossistemas de negócios e a busca por colaborações levam à inovação e ao crescimento coletivo.

●●●

Precisamos estar no ambiente certo para que as nossas propostas de inovação aconteçam, mesmo que não estejamos em alta performance constantemente.

@felipepachecoborges

Este livro foi impresso em papel lux cream 70g
pela gráfica Edições Loyola em julho de 2024.